Wolfgang Haas (Hrsg.)

CAD-Datenaustausch-Knigge

STEP-2DBS für Architekten
und Bauingenieure

Mit 96 Abbildungen

Springer-Verlag

Berlin Heidelberg New York
London Paris Tokyo
Hong Kong Barcelona Budapest

Dr. Wolfgang Haas
Kremmler Straße 37
7000 Stuttgart 70

ISBN-13: 978-3-642-48051-5   e-ISBN-13: 978-3-642-48050-8
DOI: 10.1007/978-3-642-48050-8

Die Deutsche Bibliothek – CIP-Einheitsaufnahme
CAD-Datenaustausch-Knigge :
STEP-2DBS für Architekten und Bauingenieure / W. Haas (Hrsg.). –
Berlin ; Heidelberg ; New York ; London ; Paris ; Tokyo ; Hong Kong ;
Barcelona ; Budapest ; Springer, 1993
  ISBN-13: 978-3-642-48051-5

NE: Haas, Wolfgang [Hrsg.]

Satz: Reproduktionsfertige Vorlage vom Autor

62/3020 — 543210 · Gedruckt auf säurefreiem Papier

Vorwort des Herausgebers

Woran liegt es, daß der CAD–Datenaustausch im Bauwesen so wenig praktiziert wird? Sein Potential, die Bauplanung wirtschaftlicher zu gestalten und
die Planungsqualität zu steigern ist offensichtlich. Es muß also an Schwierigkeiten bei der Ausübung des CAD–Datenaustausches liegen.

Die erste Hürde, die es zu bewältigen gilt, besteht darin, den CAD–Datenaustausch überhaupt – wie man so anschaulich sagt – zum Laufen zu bringen.
Nicht zueinender passende Computer, Datenträger und Betriebssysteme
können ihn bereits zum Scheitern verurteilen.

Gelingt es, die übermittelten CAD–Daten in das eigene System einzulesen, so
fallen unter Umständen schon beim ersten Augenschein Informationsverluste
auf. Selbst wenn die CAD–Daten korrekt aussehen, so ist nicht gewährleistet,
daß mit ihnen nutzbringend weitergearbeitet werden kann. Eine ungeeignete
Struktur der übermittelten CAD–Daten kann beispielsweise ihre Brauchbarkeit derartig beeinträchtigen, daß es wirtschaftlicher ist, den ”CAD–Plan”
komplett neu einzugeben, obwohl große Teile davon bereits im Rechner
sichtbar vorhanden sind.

Was ist zu tun, damit der CAD–Datenaustausch im Planungsalltag an Boden
gewinnt? Eine Kernaufgabe ist sicherlich die Vermittlung von Basiswissen über
den CAD–Datenaustausch generell. Genau an dieser Stelle setzt der vorliegende Leitfaden an. Er versucht, Fragen zu beantworten wie:
– Welche Funktionalität kann ich per CAD–Datenaustausch übertragen?
  Kommt beim Empfänger nicht nur ein unstrukturierter Strichhaufen an?
– Was ist bei den beteiligten Computern und Betriebssystemen zu beachten?
– Wie ist die Planung zu gestalten, damit sie austauschfreundlich ist?

Der vorliegende erste Teil des Leitfadens wendet sich an ”Einsteiger” in diese
Aufgabenstellung, also an Bauplaner, die mit dem CAD–Datenaustausch
beginnen wollen. Eine weitere Zielgruppe sind enttäuschte Anwender, die mit
dem CAD–Datenaustausch erste, schlechte Erfahrungen gemacht haben.
Dieser Leitfaden soll ihnen helfen, den CAD–Datenaustausch künftig erfolgreicher zu praktizieren.

Eine weitere Zielgruppe sind Studenten, aber auch Praktiker, die sich über
CAD–Systeme in der Bauplanung informieren wollen. Die Funktionalität der

ausgetauschten CAD–Daten spiegelt die Funktionalität der beteiligten CAD–Systeme wieder, und so vermittelt dieser Leitfaden einen guten Überblick über das Leistungsspektrum typischer 2D–CAD–Systeme im Bauwesen.

Der zweite Teil des Leitfadens wendet sich an den in der Themenstellung fortgeschrittenen CAD–Planer. In ihm wird beispielsweise die sogenannte Layersystematik vertieft, also die Einteilung der Baupläne in thematisch zueinandergehörige, selbständig darstell– und bearbeitbare Planinhalte. Es wird ebenfalls gezeigt, wie man die am CAD–Datenaustausch beteiligten Programme selbst testen kann, bevor man sie im Planungsalltag produktiv einsetzt.

Das vorliegende Buch enthält wegen der Spannweite der Themenstellung – es werden ja Aspekte der Hardware, der Betriebssysteme, der Funktionalität von Austauschformaten und der Organisation der Bauplanung berührt – Beiträge verschiedener Autoren mit entsprechenden Erfahrungen. Sie werden im Autorenverzeichnis namentlich genannt. Um eine einheitliche Darstellung aus einem Guss zu bekommen, wurden sämtliche Beiträge vom Herausgeber redaktionell und sachlich überarbeitet.

Wolfgang Haas
Stuttgart, im Januar 1993

Autorenverzeichnis

Edith Ammermann, CAB München

Henning Benecke, CONCAD Bonn

Karl G. Frisch, CAB München

Wolfgang Haas, Ingenieurbüro Dr. Wolfgang Haas Stuttgart

Richard Junge, CAB München

Gisela Köppe, Oberfinanzdirektion Hannover, Landesbauabteilung

Bernd Rath, Ingenieurbüro Dipl.–Ing. Bernd Rath Paderborn

Der Leitfaden wurde im Rahmen des Bund–/Länder–Gemeinschaftsprojektes ISYBAU, Integriertes System Bauwesen von

Günter Krawinkel, Oberfinanzdirektion Hannover, Landesbauabteilung

gefördert und betreut. Der Herausgeber bedankt sich bei ihm für die unkomplizierte, vertrauensvolle und konstruktive Zusammenarbeit.

Inhaltsverzeichnis

1. Möglichkeiten und Grenzen des CAD–Datenaustausches

Wie vielversprechend sind doch die Perspektiven, die ein funktionierender CAD–Datenaustausch eröffnet. Der Tragwerksplaner erstellt seine Schal– und Bewehrungspläne auf der Grundlage der Pläne des Architekten. Die Pläne für die technische Gebäudeausrüstung werden anhand der Pläne des Architekten oder der Schalpläne des Tragwerksplaners erarbeitet. Im Fertigteilwerk wird der Deckengrundriss in Einzelplatten "elementiert". Aus diesen elementierten Grundrissen werden anschließend die Fertigungszeichnungen für die Einzelplatten erstellt. Aus den Werkplänen werden die Bestandspläne entwickelt, die die Grundlage für ein computerunterstütztes Objektmanagement bilden. Dies sind nur einige Beispiele, um die Vorteile zu verdeutlichen, die ein funktionierender CAD–Datenaustausch bietet.

Bei der konventionellen Planung am Reißbrett gibt es einen funktionierenden Planaustausch z. B. in Form von Mutterpausen. Diese Mutterpausen bilden die Grundlage für eine weitere Planung, die auf der in der Mutterpause dargestellten Gebäudesubstanz aufbaut. Ein typisches Beispiel für die Verwendung von Mutterpausen ist die Planung der technischen Gebäudeausrüstung. In den Mutterpausen ist der Rohbau dargestellt. Bei der Erstellung der Werkpläne für die technische Gebäudeausrüstung werden nur noch die Aggregate und Leitungen der technischen Ausbaugewerke hinzugefügt.

Bei einer Planung mit CAD auf unterschiedlichen Systemen funktioniert ein in etwa vergleichbarer CAD–Datenaustausch noch nicht oder noch unbefriedigend. Ein Ziel dieses Leitfadens ist es, diese Situation zu verbessern und einen Beitrag zu einem funktionierenden und nutzbringenden CAD–Datenaustausch zu leisten.

Wir wollen zunächst der Frage nachgehen: "Entspricht der CAD–Datenaustausch der Mutterpausentechnik der konventionellen Planung, oder leistet er mehr?"

Die Analogie erscheint auf den ersten Blick plausibel. Bei beiden Verfahren werden oberflächlich betrachtet Zeichnungen ausgetauscht als Grundlage für eine weiterführende Planung. Dabei übersieht man jedoch, daß ein mit einem

CAD–System erstellter Plan ein hochstrukturiertes Gebilde ist, bei dem vom Empfänger nicht benötigte Informationen fast beliebig "herausgefiltert" werden können. Außerdem können bei den leistungsfähigen CAD–Systemen Planbestandteile aus verschiedenen CAD–Plänen herausgezogen und zu neuen Plänen zusammengestellt werden. Die per CAD–Datenaustausch übertragenen Linien, Texte, Zahlen und Schraffuren sind also nicht wie eine Mutterpause untrennbar miteinander verknüpft, sondern wie beim Schichtzeichnen [4,5] in Folien, in der CAD–Terminologie oft auch Layer oder Level genannt, eingeteilt. Der CAD–Datenaustausch eröffnet damit wie das Schichtzeichnen wesentlich weitreichendere Möglichkeiten als die Mutterpausentechnik, die Planung wirtschaftlicher zu gestalten, Planungsfehler zu vermeiden und insgesamt die Qualität der Planung zu steigern. Voraussetzung dafür ist jedoch eine der eigentlichen Planung vorgeschaltete Koordinationsphase, in der Planinhalte so in Layer eingeteilt werden, daß sie für die verschiedensten Fachpläne verwendet werden können.

Welche Vorteile bietet ein so organisierter CAD–Datenaustausch? Dies soll anhand eines Beispieles aus dem Planungsalltag von Architekt und Tragwerksplaner geschildert werden.

Bild 1.1 zeigt einen Ausschnitt aus einem Werkplan eines Architekten. Bild 1.2 zeigt den entsprechenden Ausschnitt im Schalplan des Tragwerksplaners. Sofort fällt das hohe Maß an Übereinstimmung in beiden Plänen auf. Es wird ja auch in beiden Fällen dieselbe bauliche Situation dargestellt, allerdings mit unterschiedlicher Auswahl der darzustellenden Objekte. Im Werkplan des Architekten sind z. B. Informationen für den Ausbau eingetragen wie nichttragende Wände, Türen, Fenster, Sanitärgegenstände, Bodenbeläge etc., die im Schalplan fehlen. Im Schalplan wiederum sind Aussparungen und ggf. zusätzliche Schnitte eingetragen, die im Werkplan des Architekten nicht vorhanden sind.

Die Bemaßung des Architekten kann in der Regel im Schalplan des Tragwerksplaners nicht verwendet werden. Dasselbe gilt für die Beschriftung.

Wollte man den Werkplan des Architekten als Mutterpause für den Schalplan verwenden, so müssten alle Informationen, die den Ausbau betreffen, sowie Bemaßung und Beschriftung "weggekratzt" werden. Da dies zu umständlich ist, es ist einfach zu viel an Informationen zu entfernen, wird die Mutterpausentechnik für diesen Zweck in der Regel nicht eingesetzt.

Beim CAD ist das Entfernen nicht benötigter Informationen wesentlich einfacher, vorausgesetzt, sie sind in separaten Layern angeordnet. Sind z. B. in dem oben gezeigten Beispiel die Informationen über die Ausbaugewerke sowie Bemaßung und Beschriftung auf separaten Layern angeordnet, so werden sie einfach ausgeblendet.

In vielen Fällen, z.B. bei den Schalplänen für Hochbaudecken, sind die aus den Werkplänen des Architekten für den Schalplan übernehmbaren Informationen auf mehreren Architektenplänen angeordnet. Der Schalplan der Decke über einem Geschoß zeigt ja die Bauteile dieses Geschosses zusammen mit der darüberliegenden Decke samt Aussparungen, die im Architektengrundriß des darüberliegenden Geschosses dargestellt sind. Hier gilt es, aus beiden Grundrissen des Architekten die jeweils benötigten Informationen herauszuziehen und in dem Schalplan zu vereinigen. Dies ist nur möglich, wenn die Layer planübergreifend zur Verfügung stehen.

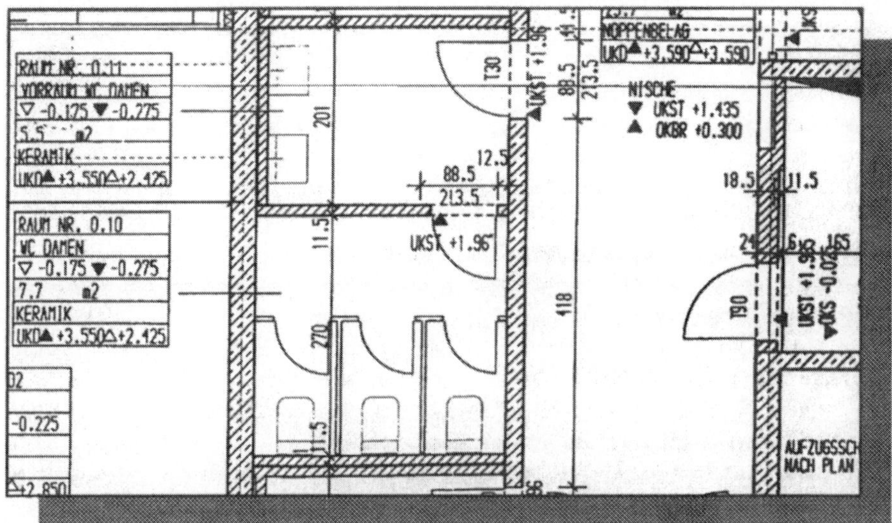

Bild 1.1 Ausschnitt aus einem Werkplan des Architekten.

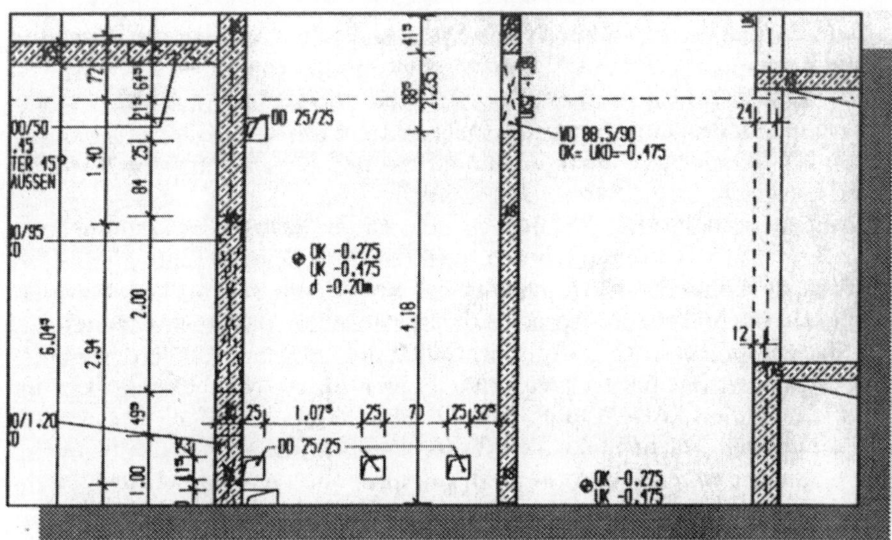

Bild 1.2 Entsprechender Ausschnitt aus dem Schalplan des Tragwerksplaners.

Wir wollen an dieser Stelle die ursprüngliche Fragestellung aufgreifen, ob der CAD–Datenaustausch der Mutterpausentechnik der konventionellen Planung entspricht oder ob er wesentlich mehr bietet. Das Beispiel macht deutlich, daß der CAD–Datenaustausch wesentlich weitreichendere Möglichkeiten bietet, einmal eingegebene Planungsinformationen weiterzuverwenden. Er gibt viele Analogien zum Schichtzeichnen, man denke nur an die Layertechnik, aber auch dieser Vergleich erfasst nicht das volle Potential des CAD–Datenaustausches.

CAD–Daten sind ja nicht nur in Layern organisiert; daneben gibt es weitere leistungsfähige Mechanismen wie Gruppenbildungen, Symbol– und Makrotechnik, mit denen man CAD–Pläne zusätzlich strukturieren kann. Maßketten können assoziativ mit Geometrie gekoppelt sein. Wird die Geometrie, z.B. eine Fensteröffnung, verändert, so wird die Maßzahl automatisch mitkorrigiert. Einzelmaße, Gesamtmaß und Geometrie sind also stets konsistent. Dies sind nur einige der Möglichkeiten, wie man CAD–Daten zusätzlich mit "Intelligenz" versehen kann.

Das CAD–Datenaustauschformat STEP–2DBS [1] bietet die Möglichkeit, derartige "intelligente CAD–Daten" darzustellen. Damit ist prinzipiell die Möglichkeit geschaffen, sie von CAD–System zu CAD–System mit möglichst geringen Informationsverlusten zu übertragen.

Um dieses hochgesteckte Ziel einer Minimierung der beim CAD–Datenaustausch auftretenden Informationsverluste zu erreichen, müssen jedoch mehrere Voraussetzungen erfüllt sein.

1. Die CAD–Systeme müssen einander ähnlich sein, müssen einen vergleichsweise großen "gemeinsamen Nenner" haben. Nur dieser "gemeinsame Nenner" kann ausgetauscht werden, selbst wenn das interne Datenformat des sendenden CAD–Systems direkt in das interne Datenformat des empfangenden CAD–Systems umgesetzt wird.

   Glücklicherweise ist dieser "gemeinsame Nenner" marktüblicher CAD–Systeme für das Bauwesen groß, insbesondere im Bereich der Übertragung von 2D–Geometrie. Punkte, Linien, Kreise und Kreisbögen werden von allen marktrelevanten Systemen beherrscht.

2. Kann ein komplexeres Element wie eine Ellipse nicht in das empfangende CAD–System übertragen werden, weil das System keine Ellipse kennt, so gilt es, die Ellipse in Ersatzelemente zu konvertieren, z. B. in einen Polygonzug oder mehrere Kreisbögen, die die Ellipse hinlänglich genau darstellen.

   Das empfangende CAD–System arbeitet dann mit dem konvertierten Element weiter. Das hat weitreichende Folgen für die Manipulierbarkeit im empfangenden CAD–System. Das Element kann, obwohl es wie eine Ellipse aussieht, nicht mehr als Ellipse, sondern nur noch als Polygonzug manipuliert werden. Wird es an das ursprünglich sendende CAD–System zurückübertragen, so erscheint es dort ebenfalls als Polygonzug und nicht mehr als Ellipse.

3. Konvertierungen treten beim CAD–Datenaustausch nicht nur bei komplexen Geometrieelementen auf, sondern auch bei anderen CAD–

Elementen wie Schriftarten und Gruppierungsmechanismen zur Strukturierung der CAD–Daten.

Wird die Schriftart des sendenden CAD–Systems in eine andere Schriftart umgewandelt, so kann es zu Überschreibungen kommen. Dies ist z. B. der Fall, wenn im sendenden CAD–System eine Proportionalschrift verwendet wurde und das empfangende CAD–System keine Proportionalschrift in seinem Repertoire hat. Texte laufen dann nach einer Übertragung aus ihren Textrahmen heraus. Mag dies in vielen Fällen noch als Schönheitsfehler toleriert werden, so ist die Überschreibung hochgestellter Millimeter in Werkplänen als Konsequenz unterschiedlicher Schriftarten bei Sender und Empfänger nicht mehr akzeptabel.

Bei den Gruppierungsmechanismen zur Strukturierung von CAD–Daten sind die Layerkonzepte noch vergleichsweise ähnlich. Die mit Symbol, Gruppe und Makro bezeichneten Gruppierungsmechanismen sind jedoch häufig unterschiedlich und nicht ohne Konvertierungen ineinander überzuführen. Teilweise verbergen sich auch hinter unterschiedlichen Begriffen dieselben Mechanismen.

Um die Informationsverluste zu minimieren, sollen bei Konvertierungen möglichst ähnliche Elemente erzeugt werden. Fast noch wichtiger in der Austauschpraxis ist, daß die Konvertierungen transparent sind, d. h. bei der Übersetzung protokolliert werden.

Konvertierungen werden in Kapitel 4 ausführlicher erörtert.

4. Das CAD–Austauschformat soll den bereits oben genannten "gemeinsamen Nenner" marktrelevanter CAD–Systeme umfassen inklusive der bei Konvertierungen auftretenden Ersatzelemente, nicht weniger, aber auch nicht mehr. Dann ist das CAD–Austauschformat optimal auf diesen Zweck zugeschnitten und ermöglicht einen zuverlässigen Austausch genau dieser Elemente. Das Format STEP–2DBS [1] wurde unter diesem Aspekt entwickelt. Es wird in Kapitel 3 ausführlicher geschildert.

5. Es müssen organisatorische Rahmenbedingungen geschaffen werden, damit ein CAD–Datenaustausch nutzbringend durchgeführt werden kann. Eine zentrale Rolle nehmen dabei Layerstrukturen ein. Hier gilt es, Empfehlungen zu erarbeiten. Nur wenn sich die Planer an diese Layerstrukturen halten, weiß ein Empfänger, welche Informationen auf welchen Layern angeordnet sind und kann sie für seine Zwecke weiterverwenden. Layerstrukturen und sonstige arbeitsorganisatorische Absprachen werden in den Kapiteln 6 und 7 ausfühlich erörtert.

6. Schließlich müssen die bei Sender und Empfänger vorhandenen Computersysteme zueinander passen. Der CAD–Datenaustausch kann alleine schon daran scheitern, daß Sender und Empfänger nicht denselben Datenträger verarbeiten können. Typisches Beispiel ist, wenn der Sender eine Workstation mit einem Cartridge–Magnetband, der Empfänger einen Personal Computer mit einem 3,5–Zoll–Diskettenlaufwerk hat. Einer der beiden Partner muß sich ein zusätzliches Gerät kaufen, soll der CAD–Datenaustausch nicht schon daran scheitern, daß beide Partner nicht den-

selben Datenträger verarbeiten können. Diese Aspekte des CAD–Datenaustausches werden in Kapitel 5 ausführlich erörtert.

Wir wollen nun am Schluß dieses Kapitels noch der Frage nachgehen, welcher Art die Informationsverluste sind, die beim CAD–Datenaustausch auftreten, und ob der Begriff des Informationsverlustes hier nicht irreführend ist und durch andere, aussagekräftigere Begriffe mit fest umrissener Bedeutung ergänzt werden sollte?

Bei der Vorstellung des Informationsverlustes geht man davon aus, daß vor dem CAD–Datenaustausch, also im sendenden CAD–System, die vollständige Information vorhanden ist. Jeder noch so kleine Rückgang an Information hinter diesen ursprünglichen Informationsgehalt stellt einen Informationsverlust dar. In diesem Fall ist ein CAD–Datenaustausch ohne Informationsverluste nur zwischen denselben CAD–Systemen möglich.

Wegen der unterschiedlichen Leistungsspektren unterschiedlicher CAD–Systeme treten also zwangsläufig Informationsverluste auf, selbst wenn das interne Datenformat des sendenden CAD–Systems direkt, ohne ein neutrales Austauschformat dazwischenzuschalten, in das interne Datenformat des empfangenden CAD–Systems umgesetzt wird.

Derzeitig häufigster und sichtbarer Informationsverlust ist die Konvertierung von Schriftarten. Daraus ergeben sich in vielen Fällen Überschreibungen. Verwenden jedoch sendendes und empfangendes CAD–System Schriftarten mit derselben Proportionalität, dann lassen sich derartige Überschreibungen vermeiden.

Andere Informationsverluste sind zunächst unsichtbar. Wird z. B. die Schraffur einer Fläche nicht als Eigenschaft dieser Fläche übertragen, sondern vor der Übertragung in Striche aufgelöst, so bleibt dies zunächst unsichtbar. Die Schaffur ist ja optisch sichtbar. Erst wenn die Fläche verschoben wird und die in Striche aufgelöste Schraffur bleibt, wo sie war, wird erkennbar, daß die Information, die die Fläche mit der Schaffur verknüpfte, beim Datenaustausch verlorenging.

Andere Informationsverluste betreffen die Gruppierungsmechanismen und sind damit zunächst ebenfalls unsichtbar. Kann das empfangende CAD–System z. B. hierarchisch gestaffelte Gruppen nicht verarbeiten, so müssen sie in sogenannte "flache" Gruppen heruntergebrochen werden, bevor sie vom empfangenden CAD–System verarbeitet werden können.

Viele der Informationsverluste sind akzeptabel, da sie die Weiterverarbeitbarkeit der CAD–Daten nur geringfügig beeinträchtigen. Das Kriterium "Informationsverlust" ist also viel zu streng und damit ungeeignet, um einen brauchbaren von einem unbrauchbaren CAD–Datenaustausch zu unterscheiden.

Es gilt also, eine Menge von CAD–Elementen festzulegen, die von den im Bauwesen marktrelevanten 2D–CAD–Systemen unterstützt werden und die einen nutzbringenden und zuverlässigen CAD–Datenaustausch ermöglicht. Diese von den im Bauwesen marktrelevanten 2D–CAD–Systemen gemeinsam unterstützte Menge von CAD–Elementen ist in dem Format STEP–2DBS verankert.

Der eigentliche Umsetzvorgang von den Datenstrukturen des sendenden CAD–Systems in die Datenstrukturen des empfangenden CAD–Systems wird durch Übersetzerprogramme bewerkstelligt. Der Preprozessor wandelt dabei das Format des sendenden CAD–Systems in das Austauschformat STEP–2DBS um. Dieses Format wird in der Regel auf einem Datenträger, z. B. einer Diskette oder einem Cartridge–Magnetband, gespeichert und an den Austauschpartner versandt. Dort wandelt der Postprozesser dieses Austauschformat in die Datenstrukturen des empfangenden CAD–Systems um. Die Übersetzung der Daten vom sendenden CAD–System in das empfangende CAD–System vollzieht sich also in zwei Schritten. Hierauf wird ausführlich in Kapitel 2 eingegangen.

Entscheidend für die Qualität des CAD–Datenaustausches ist die Qualität der Übersetzer. Um die Qualität der Übersetzer beurteilen zu können, müssen dafür geeignete Qualitätsmerkmale festgelegt werden. Dies geschieht in [2] mit den Begriffen **Elementtreue** und **Modelltreue**.

Ein Übersetzer ist **elementtreu**, wenn er die Daten des beteiligten CAD–Systems entweder direkt oder entsprechend der zulässigen Konvertierungen in STEP–2DBS Elemente umwandelt. Dies gilt nicht für die Strukturelemente wie Layer und Gruppe.

Ein Übersetzer ist **modelltreu**, wenn er zusätzlich die Strukturelemente des beteiligten CAD–Systems entweder direkt oder entsprechend der zulässigen Konvertierungen in Strukturelemente von STEP–2DBS umwandelt. Modelltreue beeinhaltet also Elementtreue.

Für Element– und Modelltreue lassen sich eindeutige Kriterien aufstellen. Damit können Übersetzer in einem Konformitätsprüfdienst auf Element– bzw. Modelltreue geprüft werden.   Die Anforderungen an den Konformitätsprüfdienst sind in [2] beschrieben. Er wird zur Zeit aufgebaut.

Die Verbesserung der Qualität des CAD–Datenaustausches ist ein weites Feld, auf dem es noch viel zu tun gibt. Er hat jedoch bereits eine Qualität erreicht, daß er im Planungsalltag nutzbringend eingesetzt werden kann, sofern die in diesem Buch beschriebenen organisatorischen und datentechnischen Randbedingungen beherzigt werden.

2. Ablauf des CAD–Datenaustausches

Wir wollen in diesem Kapitel die "Reise" der CAD–Daten von einem sendenden CAD–System in ein empfangendes CAD–System verfolgen. Wir lernen dabei die Stationen und Zustände der CAD–Daten im Verlauf des Austauschs kennen und können mögliche Schwachstellen besser erkennen und beurteilen.

Ausgangspunkt unsererer "Reisebeschreibung" ist das sendende CAD–System. Die CAD–Daten sind dort in einem internen Format gespeichert, das speziell auf die Funktionalität des sendenden CAD–Systems zugeschnitten ist. Außerdem liegen die Daten in sogenannter binärer Form vor, die auf den verwendeten Computer optimal zugeschnitten ist. Diese binären Daten können nur zwischen gleichen CAD–Systemen und gleicher Hardware bzw. Hardwarefamilie ausgetauscht werden.

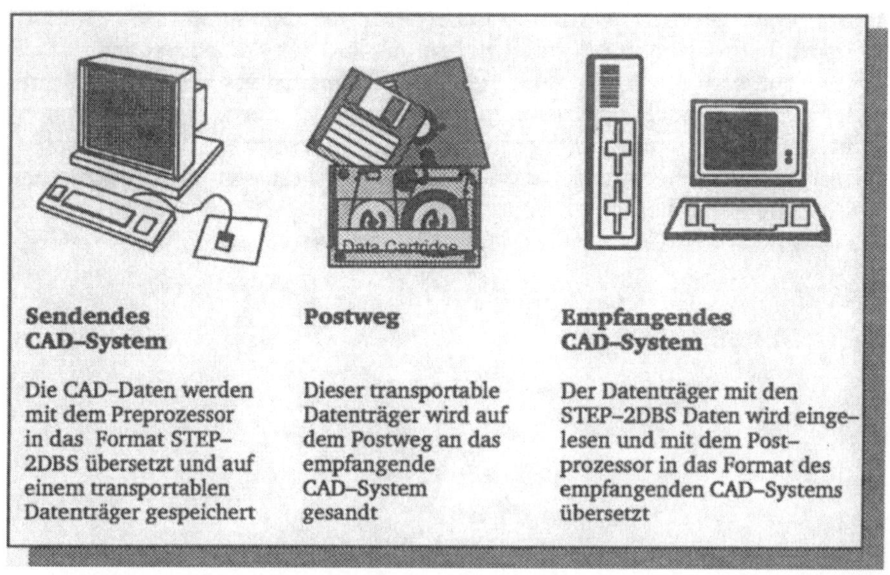

Bild 2.1 CAD–Datenaustausch zwischen unterschiedlichen CAD–Systemen

Für eine Übertragung in ein empfangendes CAD–System, das auf einem anderen Computertyp installiert ist, müssen die CAD–Daten im Regelfall in ein anderes, transportables Format umgesetzt werden. Wir wollen uns diesen Umsetzvorgang anhand von Bild 2.1 verdeutlichen. Dabei sollen auch einige Begriffe eindeutig geklärt werden.

Der erste Schritt beim CAD–Datenaustausch ist also das Umsetzen der internen CAD–Daten des sendenden CAD–Systems in das Austauschformat. Dies wird von einem speziellen Programm, dem sogenannten **Preprozessor**, erledigt. Die Vorsilbe ”Pre” soll darauf hinweisen, daß der Einsatz des Programmes zeitlich vor der Existenz des Austauschfiles liegt.

Wir wollen bei dieser Gelegenheit noch die Begriffe CAD–Austauschformat und CAD–Austauschfile erläutern und gegeneinander abgrenzen. Unter einem CAD–Austauschformat versteht man die Konventionen, nach denen die CAD–Daten beschrieben werden und unter einem CAD–Austauschfile die nach diesen Konventionen gespeicherten CAD–Daten. Das Verhältnis beider Begriffe zueinander läßt sich am besten durch ihre Analogie zur Sprache klarmachen. Dem Austauschformat entspricht die Summe der Wörter einer Sprache, ihrer Bedeutungen und ihrer syntaktischen Regeln. Dem Austauschfile entspricht ein in dieser Sprache, d. h. nach diesen Regeln geschriebener Text. Wie sieht ein solcher CAD–Austauschfile aus?

Er kann natürlich nicht binär sein, sonst könnte er ja nur von compatiblen Computertypen mit derselben binären Verschlüsselung von Zahlen und Befehlen verarbeitet werden. In dem CAD–Austauschfile werden deswegen die CAD–Daten, also Punkte , Linien, Kreise, Layerzugehörigkeiten usw. als Klartext übertragen. Dieser Klartext ist aber nach bestimmten Regeln codiert, damit er maschinell, also vom Computer verarbeitet werden kann. Bild 2.2 zeigt einen Ausschnitt aus einem Austauschfile, der im Format STEP–2DBS codiert wurde.

```
@0100 = OPEN_LAYER ("BASISGEOMETRIE");

@0120 = POINT_2D ( 125.0,125.0);
@0121 = CIRCLE_2D (300.0, 300.0, 150.0);
@0122 = POLYGON_2D (100.0, 100.0, 200.0, 100.0,
300.0, 200.0);


@0150 = CLOSE_LAYER;
```

Bild 2.2 Kurzer Ausschnitt aus einem STEP–2DBS Austauschfile

Man erkennt deutlich, wo ein Layer geöffnet und geschlossen wird. Alle dazwischenliegenden Elemente gehören zu diesem Layer. Mit den drei Zeilen in der Mitte von Bild 2.2 werden z. B. ein Punkt mit seinen beiden Koordinaten, ein Kreis mit Mittelpunktkoordinaten und Radius sowie ein Polygonzug aus drei Punkten beschrieben. Diesen Austauschfile kann man beispielsweise mit einen Texteditor inspizieren und bearbeiten.

Da die Standardisierung des CAD–Datenaustausches international geprägt ist, viele der eingesetzten Systeme stammen ja aus dem Ausland, sind die Schlüsselwörter, die die Bedeutung der folgenden Daten festlegen, in englischer Sprache.

Wie der Begriff ”CAD–Austauschfile” andeutet, wird dieser File zwischen Sender und Empfänger ausgetauscht. Am häufigsten wird der Austauschfile auf einem Datenträger, z. B. einer Diskette oder einem Cartridge–Magnetband gespeichert und per Post an das ”empfangende CAD–System” gesandt. Dies ist natürlich nicht wörtlich zu verstehen, da ein CAD–System wohl noch nie ”Post bekommen” hat. Mit der zunehmenden Ausbreitung des ISDN–Netzes und den damit verbundenen hohen Übertragungsgeschwindigkeiten dürfte der CAD–Datenaustausch über das ISDN–Netz zunehmend attraktiv werden.

Im nächsten Schritt wird der Datenträger mit dem Austauschfile vom **Postprozessor** in das interne Format des empfangenden CAD–Systems umgewandelt. Die Vorsilbe ”Post” soll darauf hinweisen, daß das Programme eingesetzt wird, nachdem der Austauschfile erzeugt wurde.

Beim Einsatz des Postprozessors können eine ganze Reihe von Problemen auftreten, sei es, daß das Computersystem des Empfängers den Datenträger nicht einlesen kann, weil kein geeignetes Laufwerk vorhanden ist, sei es, daß das Betriebssystem des Empfängers die Art und Weise, wie die CAD–Daten auf dem Datenträger gespeichert sind, nicht verarbeiten kann. Die dabei möglicherweise auftretenden Probleme werden ausführlich in den Abschnitten 5.1 bis 5.3 erörtert.

Ähnlich wie der Umfang dessen, was wir beschreiben und mitteilen können, durch die verwendete Sprache, ihren Wortschatz, die Bedeutung der Wörter und die Grammatik begrenzt wird, so ist der Umfang der CAD–Informationen, die wir austauschen können, durch das CAD–Austauschformat festgelegt. Wir wollen uns deswegen in den nächsten Kapiteln das CAD–Austauschformat STEP–2DBS etwas näher ansehen. Wir erhalten so einen Überblick über die CAD–Daten, die mit diesem Format ausgetauscht werden können.

3. Datenaustauschformat STEP–2DBS

3.1. Entstehung und Leitlinien der Entwicklung

Im Jahre 1986 wurde der Arbeitskreis DIN–NAM 96.4.3–Bau gegründet. Seine Aufgabe war es, ein neutrales Format für den CAD–Datenaustausch im Bauwesen zwischen unterschiedlichen CAD–Systemen zu entwickeln und in der Austauschpraxis zu verankern. Dieser Arbeitskreis ist dem Arbeitsausschuss DIN–NAM AA 96.4 angegliedert, der sich branchenübergreifend mit der Standardisierung von CAD–Austauschformaten befasst. Er arbeitet eng mit den entsprechenden Gremien der internationalen ISO–Normung zusammen.

 Bei der Entwicklung des CAD–Austauschformates STEP–2DBS speziell für das Bauwesen orientierte sich der DIN–Arbeitskreis an folgenden Leitlinien:

– Es soll optimal auf die Bedürfnisse des Bauwesens zugeschnitten sein, ”Ballast” aus anderen Branchen wie Freiformkurven, Freiformflächen und Toleranzen soll weggelassen werden.

– Es soll nicht nur für den CAD–Datenaustausch geeignet sein, sondern auch für die Archivierung von CAD–Daten. Dies ist für die Bestandsverwaltung von großer Bedeutung. Vor vielen Jahren erzeugte und gespeicherte CAD–Daten sollen ja bei der Planung von Umbauten wieder in das CAD–System eingelesen werden können.

– Es soll zukunftssicher sein, sonst kann man es ja nicht für die Archivierung verwenden. Unter diesem Aspekt ist es zweckmäßig, ältere Konventionen wie IGES [6] nicht zu verwenden, sondern neue Ansätze wie STEP [7] aufzugreifen.

– Es soll ausbaufähig sein. Zunächst sollen nur 2D–CAD–Daten ausgetauscht werden. Anschließend soll es für den Austausch von 3D–CAD–Daten erweitert werden. Fernziel ist der Austausch aller das Produkt Bauwerk definierenden Daten. Auch unter diesem Aspekt ist es zweckmäßig, die Entwicklung von STEP zu verwenden.

– Der Aufwand für die Entwicklung der Übersetzer, die das Format des sendenden CAD–Systems einlesen und in des Austauschformat umwandeln bzw. das Austauschformat in das Format des empfangenden CAD–Systems umwandeln, soll zusammen maximal 3 Mannmonate betragen. Sonst ist die Entwicklung für die Anbieter von CAD–Systemen nicht attraktiv.

Aus diesen Leitlinien ergibt sich zwangsläufig die vorläufige Beschränkung auf 2D–CAD–Daten. Will man zukunftssicher und ausbaufähig sein, so ergibt sich ebenfalls beinahe zwangsläufig, daß man STEP als Basis für die Entwicklung nimmt.

Als man 1988 mit der Entwicklung des bauspezifischen Austauschformates auf der Grundlage von STEP begann, sah man sich mit dem Problem konfrontiert, daß sich STEP noch in der Entwicklung befand. Teile wie das sogenannte physikalische Fileformat und die Geometrie waren zwar stabil, andere Teile wie Bemaßung, Beschriftung, Schraffur oder Bibliotheksfunktionen, z. B. für die Übertragung von Bibliotheken von Sanitärobjekten, fehlten entweder vollständig oder waren in einem wenig fortgeschrittenen Entwicklungsstadium. Diese fehlenden Teile wurden vom DIN 96.4.3–Bau vollständig neu auf der Grundlage des physikalischen Fileformates von STEP entwickelt und in die laufende STEP–Standardisierung als deutscher Beitrag eingebracht.

Wegen dieser Einbindung in die laufende STEP–Standardisierung hat das Format den Namen **STEP–2DBS**, der für **STEP 2D B**uilding **S**ubset steht.

3.2. Leistungsspektrum von STEP–2DBS

3.2.1. Gliederung und Elemente

Die Anwendung von CAD–Systemen im Bauwesen ist auch heute noch zu einem großen Teil von einer 2D–CAD–Praxis geprägt. Selbst wenn 3D–Systeme angewendet werden, so kommt man beispielsweise bei der Erstellung von Werkplänen um 2D–Anwendungen nicht herum. Ein CAD–Datenaustausch ohne eine leistungsfähige 2D–Funktionalität ist also unzweckmäßig. Die Möglichkeit, 2D–CAD–Daten auszutauschen, ist also der Einstieg und ein "Muß" für jedes CAD–Austauschformat.

Dementsprechend konzentriert sich STEP–2DBS zunächst auf die Übertragung von 2D–CAD–Daten mit ihrer Struktur in Layer, Gruppen und Bibliothekselemente, z. B. für den technischen Ausbau. Außerdem ist die Möglichkeit vorhanden, technische Attribute auszutauschen. Dem Symbol für eine Steckdose können so seine elektrische Spannung, seine Sicherungsart, der Lieferant und weitere Kenndaten zugeordnet werden.

STEP–2DBS ist thematisch in die folgenden fünf Bereiche gegliedert.

- **Bibliothekselemente.** In diesem Bereich werden die Elemente übertragen, die in CAD–Systemen in Bibliotheken oder Katalogen gespeichert sind.
- **Geometrie.** In diesem Bereich wird die Geometrie, z. B. die Schnitt– und Konturlinien von Bauteilen im Maßstab 1:1 mit ihren tatsächlichen Abmessungen übertragen.

- **Sachdaten.** In diesem Bereich werden   die Sachdaten und ihre Zugehörigkeit zu grafischen Informationseinheiten wie Symbolen oder Gruppen übertragen.
- **Bemaßung, Beschriftung, Schraffur und sonstige grafische Daten.** In diesem Bereich sind alle Informationen zusammengefasst, die nicht zur Geometrie gehören, die also nicht durch eine Projektion aus einem 3D–Modell abgeleitet werden könnten oder eine solche Geometrie symbolhaft darstellen. In erster Linie sind das natürlich Bemaßung, Beschriftung und Schraffur, aber auch Tabellen, Raster– und Mittellinien.
- **Strukturinformationen und Planzusammenbau.** In diesem Bereich wird die Strukturierung der CAD–Daten in Layer und Gruppen übertragen und der Aufbau von Zeichnungen aus Teilzeichnungen, die unterschiedliche Maßstäbe haben können.

Bevor die einzelnen Bereiche ausführlicher beschrieben werden, sollen noch die beiden Begriffe Entity und Attribut erläutert werden, die beim CAD–Datenaustausch insgesamt, also nicht nur bei STEP–2DBS sondern beispielsweise auch bei IGES [6] oder STEP [7] eine zentrale Rolle spielen.

Entity, in [8] beschrieben als ”something that has real existence”, ist die grundlegende Informationseinheit, mit der die CAD–Daten dargestellt werden. Typische Entities sind Punktentity, Geradenentity oder Kreisentity. Jede Zeile in Bild 2.2 stellt beispielsweise ein Entity dar. Ebenso wie ein Kreis durch seine Bestimmungsstücke Radius und Kreismittelpunkt eindeutig beschrieben wird, so wird ein Entity durch seine Attribute eindeutig beschrieben.

Attribute sind also die Bestimmungsstücke, die Entities eindeutig und vollständig beschreiben. Ein Punktentity hat beispielsweise als Attribute seine beiden Koordinaten, und ein Kreisentity hat als Attribute Radius und Punkt. Hier stoßen wir auf einen bemerkenswerten Sachverhalt. Im Kreisentity taucht als Attribut der Punkt auf, der seinerseit ein Entity ist.

STEP–2DBS bietet also die Möglichkeit, Entities als Attribute anderer Entities zu verwenden. Genau diese Strukturen, die auf den ersten Blick etwas verwirrend aussehen, sind aber typisch für CAD–Daten. Ein Symbol setzt sich beispielsweise aus geometrischen Grundelementen wie Kreissegmenten und Strecken, also aus Entities zusammen, die ihrerseits Entities wie Punkte und Richtungen als Attribute enthalten.

Wir wollen nun die einzelnen Bereiche von STEP–2DBS ausführlicher beschreiben.

3.2.2. Bibliothekselemente

Hauptverteter derartiger Elemente sind die Symbole für den technischen Ausbau, z. B. Symbole für Elektroinstallationen oder Sanitärgegenstände. Jedes Symbol wird dabei als ein Entity dargestellt, das aus mehreren geschachtelten Entities bestehen kann. Es ist also im Allgemeinfall ein strukturiertes Gebilde.

Ein Auszug aus einer typischen Bibliothek für Sanitärobjekte ist in Bild 3.1
dargestellt.

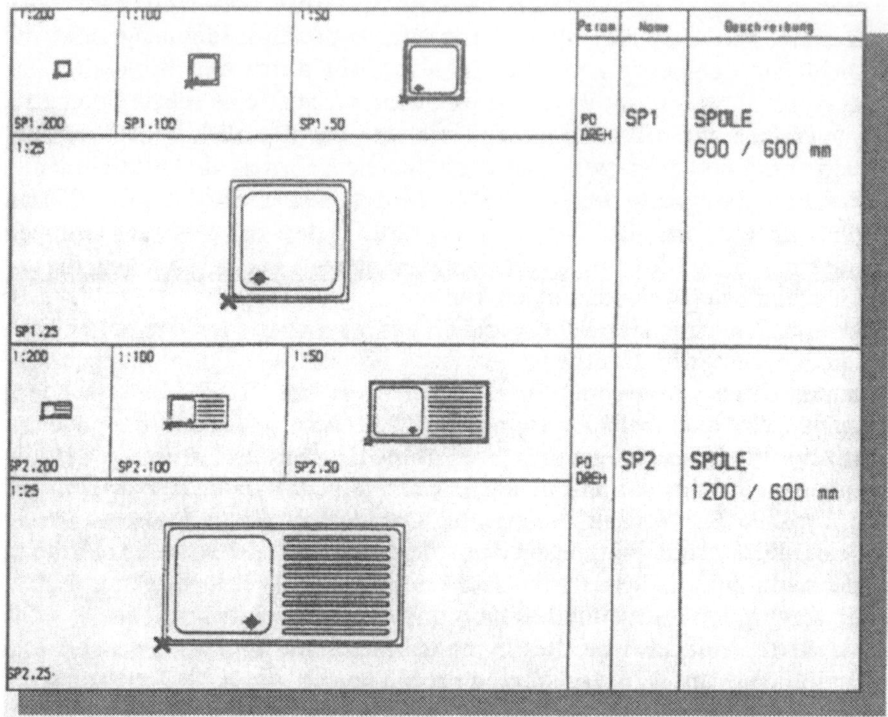

Bild 3.1 Auszug aus einem Bibiothek für Sanitärobjekte.

Bevor wir mit der Beschreibung der Möglichkeiten fortfahren, die
STEP–2DBS bei der Übertragung von CAD–Bibliotheken bietet, wollen wir an
dieser Stelle zwei grundsätzliche Zielvorstellungen beim CAD–Datenaustausch beschreiben und deren Konsequenzen auf die Übertragung von
Bibliothekslementen erörtern.

– Nach einer Übertragung soll die "CAD–Zeichnung" im empfangenden
  CAD–System genauso aussehen wie im sendenden CAD–System. Dann
  muß die Möglichkeit bestehen, Bibliotheken vom sendenden CAD–System
  in das empfangende CAD–System zu übertragen und die Elemente der
  übertragenen Bibliotheken in CAD–Plänen zu lokalisieren.

– Der Empfänger möchte lieber mit seinen eigenen Bibliotheken weiterar-
  beiten und nimmt in Kauf, daß die CAD–Pläne nicht mehr identisch aussehen. Dann muß beim Datenaustausch die Möglichkeit bestehen,
  Bibliothekselemente, z. B. Symbole des sendenden CAD–Systems, durch
  die entsprechenden Bibliothekselemente des empfangenden CAD–Systems
  auszutauschen.

Diese zweite Zielvorstellung klingt zunächst plausibel. Im Planungsalltag ergeben sich jedoch eine Reihe schwerwiegender Probleme. Zunächst muß eine eindeutige Zuordnung hergestellt werden, welchem Bibliothekselement des sendenden CAD–Systems welches Bibliothekselement des empfangenden CAD–Systems entspricht. Vor dem Einlesen der CAD–Daten in das empfangende CAD–System müssen dafür geeignete Zuordnungstabellen eingegeben werden.

Bei Symbolbibliotheken sind unter Umständen die lokalen Koordinatensysteme im sendenden und empfangenden CAD–Systen unterschiedlich. Dies ist in Bild 3.2 dargestellt.

Beim sendenden CAD–System ist der Bezugspunkt des Sanitärsymbols links unten, beim empfangenden CAD–System mittig. Dies hat zur Folge, daß dieses Symbol im empfangenden CAD–System nach dem Auswechseln der Symbolbibliotheken falsch plaziert wird.

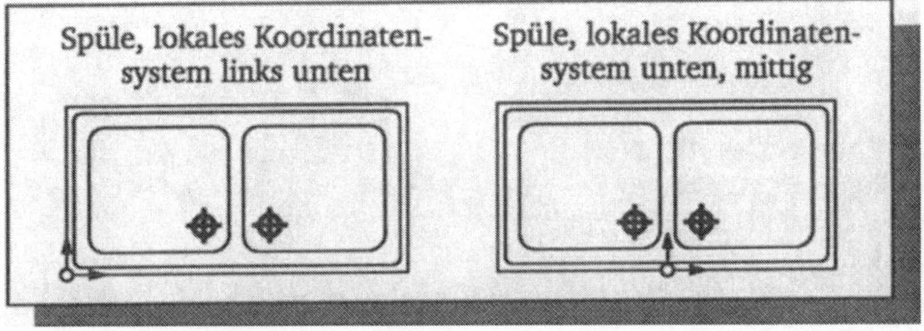

Bild 3.2 Sanitärsymbole, bei denen die Bezugspunkte im sendenden und empfangenden CAD–System unterschiedlich sind.

Die Möglichkeit, von der Symbolbibliothek des sendenden CAD–Systems auf die entsprechende Symbolbibliothek des empfangenden CAD–Systems umzuschalten, setzt also detaillierte Absprachen und Abstimmungen zwischen Sender und Empfänger voraus, die derzeit noch nicht praktiziert werden. Aus diesem Grund wurde diese Möglichkeit in den derzeit am Markt befindlichen Übersetzern noch nicht aktiviert. Zur Zeit werden also Symbolbibliotheken ausgetauscht.

In Abschnitt 3.2.1 hatten wir als Bibliothekselemente solche Elemente bezeichnet, die in CAD–Systemen in Bibliotheken oder Katalogen gespeichert sind. Nach diesem Verständnis sind auch Schraffuren und Schriftarten Bibliothekselemente. Die Zusammenstellung der in dem Bibliotheksbereich von STEP–2DBS ausgetauschten Elemente ist in Bild 3.3 dargestellt.

> – **Symbolbibliotheken,**
> – **Schriftarten,**
> – **Schraffuren,**
> – **Strichstärken,**
> – **Stricharten,**
> – **Farben,**
> – **Einheiten (m, cm, mm, inch)**
>   **und**
> – **Umrechnungsfaktoren.**

Bild 3.3 Elemente des Bibliotheksbereiches

3.2.3. Geometrie

Grundlagen. Für die Beschreibung von Linien und Kurven gibt es zwei Darstellungsmöglichkeiten,
–   die implizite Darstellung und
–   die Parameterdarstellung.
Für die Gerade und den Kreis sind beide Darstellungen in Bild 3.4 angegeben.

Die meisten von uns kennen aus Schule oder Universität in erster Linie die implizite Darstellung von Kurven. Die Parameterdarstellung ist weniger geläufig. In der Computergrafik und im CAD wird die Parameterdarstellung von Kurven und Flächen weit häufiger verwendet als die implizite Darstellung. Freiformkurven und Freiformflächen werden so gut wie ausschließlich in ihrer Parameterdarstellung beschrieben.

Wegen dieser Dominanz der Parameterdarstellung wird die Geometrie in STEP so gut wie ausschließlich in ihrer Parameterdarstellung übertragen. Um hier mit STEP konform zu gehen, wird auch in STEP–2DBS die Geometrie fast ausschließlich in ihrer Parameterdarstellung übertragen. Die einzige Ausnahme davon ist der Polygonzug.

Die wenigsten geometrischen Elemente, nur die geschlossenen Kurven Kreis und Ellipse, werden in CAD–Systemen unbegrenzt verwendet. Die unbegrenzte Gerade ist im CAD jedoch nicht darstellbar, Bildschirm und Papier haben endliche Abmessungen.

Es überwiegen die begrenzten Elemente Strecke, Kreisbogen und Ellipsenbogen. Es gilt also, die in Bild 3.4 zunächst unbegrenzt definierte Geometrie zu begrenzen.

Geometrisches Element	Gerade	Kreis
Implizite Darstellung	$Ax + By + C = 0$	$x^2 + y^2 - r^2 = 0$
Parameter-darstellung	$x = x_0 + m_x\, t$ $y = y_0 + m_y\, t$	$x = r \cos t$ $y = r \sin t$

Bild 3.4 Gerade und Kreis in impliziter und Parameterdarstellung

Bei der impliziten Darstellung bieten sich Anfangs– und Endpunkt als Begrenzung an. Daraus können sich jedoch Probleme ergeben. Der Anfangspunkt eines Kreises wird ja durch seine Koordinaten beschrieben. Diese Koordinaten müssen nicht unbedingt exakt auf dem Kreis liegen, sei es wegen numerischer Ungenauigkeiten, die sich bei ihrer Berechnung ergeben haben, sei es, weil ein Fehler vorliegt. Wie entscheidet man, welcher Fall vorliegt, und wie ermittelt man die zutreffenden Endpunkte auf dem Kreis?

Diesen Fragen kann man aus dem Wege gehen, indem man durchgängig die Parameterdarstellung der Kurven verwendet. Der gewünschte Kurvenabschnitt wird durch die Parameter am Anfang des Kurvenabschnittes und am Ende des Kurvenabschnittes bestimmt. Die Koordinaten von Anfangs– und Endpunkt erhält man, indem man die zum Anfang und zum Ende gehörenden Parameter in die Parameterdarstellung der Kurve einsetzt.

Elementare Geometrie. Unter elementarer Geometrie werden einzelne Punkte, Linien, Kreisbögen usw. verstanden. Sie bilden die Bestandteile der zusammengesetzten Geometrie, die im nächsten Kapitel behandelt wird. Die elementaren Geometrieentities von STEP–2DBS sind in Bild 3.5 angegeben.

Der "Trimm–Mechanismus" soll hier noch etwas ausführlicher erläutert werden. Dieser CAD–Begriff kommt aus dem Englischen (to trim = stutzen, zurechtschneiden). Er ermöglicht es, aus einer unbegrenzten Kurve, z. B. aus einem Vollkreis, durch die Angabe der zu trimmenden Kurve, also des Vollkreises, des Anfangsparameters t_a und des Endparameters t_e, den gewünschten Kreisbogen "herauszuschneiden".

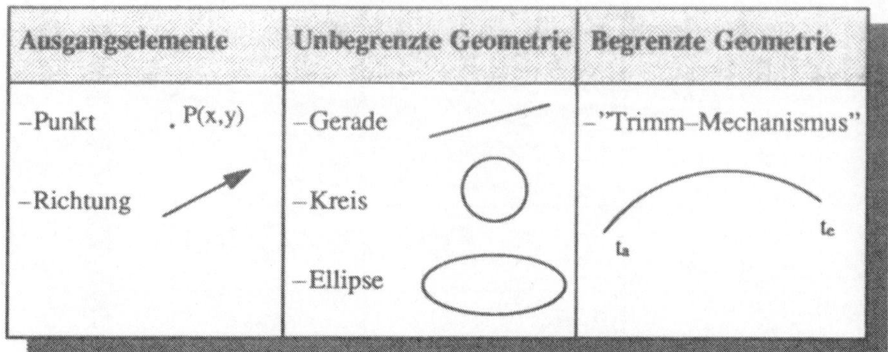

Bild 3.5 Elementare Geometrieentities

Dieser Mechanismus ist in Bild 3.6 dargestellt. Da die gesamte elementare Geometrie in Parameterdarstellung beschrieben ist, funktioniert dieser Mechanismus ganz allgemein für jegliche Art von unbegrenzter Geometrie aus Bild 3.5.

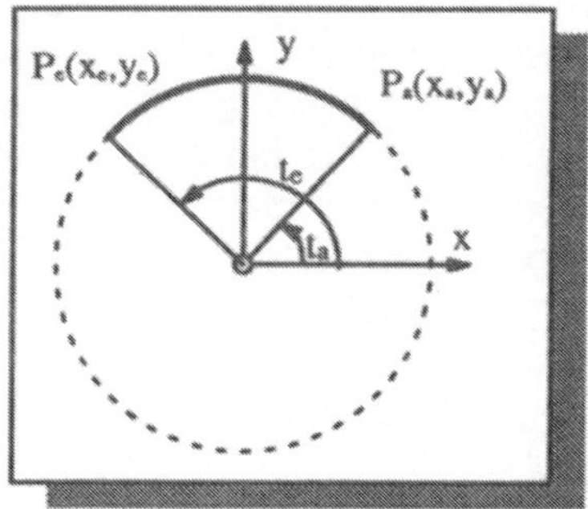

Bild 3.6 Trimmen eines Kreises durch Anfangsparameter t_a und Endparameter t_e

Zusammengesetzte Geometrie. Wir wollen uns nun die Notwendigkeit unterschiedlicher Formen zusammengesetzter Geometrie anhand des in Bild 3.7 dargestellten Ausschnittes aus einem Lageplan klarmachen. Die Trassen von Versorgungsleitungen können beispielsweise durch Polygonzüge dargestellt werden. Alle Elemente sind Strecken. Daneben gibt es aber auch Kurvenzüge mit Kreisbögen als Bestandteil, z. B. die Ränder von Straßen.

Als weitere Elemente tauchen in Bild 3.8 geschlossene Kurvenzüge auf, z. B. die Verkehrsinsel etwa in Bildmitte. Derartige geschlossene Kurvenzüge gibt es natürlich auch in anderen Bereichen des Bauwesens, wenn z. B. ein Trägerquerschnitt mit Aussparungen dargestellt wird. Diese geschlossenen Kurvenzüge können schraffiert werden, wobei die Aussparungen nicht mit Schraffur gefüllt werden.

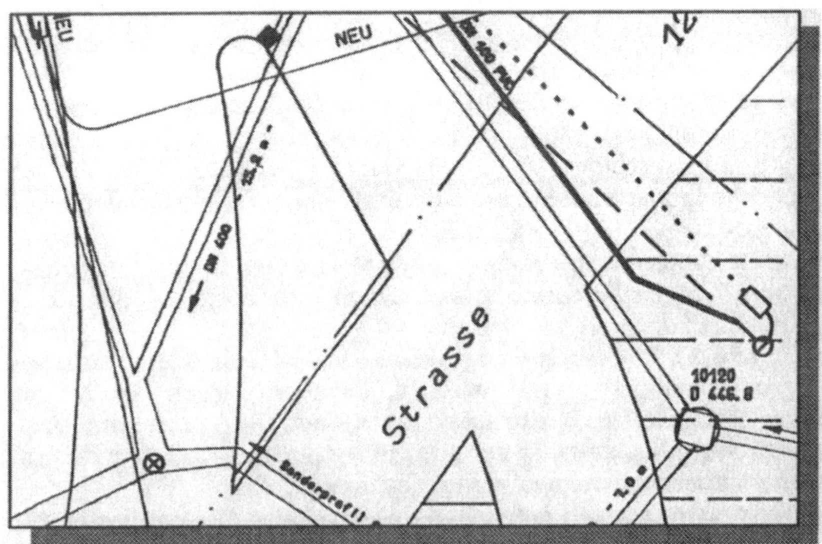

Bild 3.7 Ausschnitt aus einem Lageplan

Für den Austausch derartiger zusammengesetzter Geometrieeinheiten sind die drei in Bild 3.8 dargestellten Entities in STEP–2DBS vorhanden.

Polygonzug	Zusammengesetzte Kurve	Fläche

Bild 3.8 Zusammengesetzte Geometrieentities

Der links in Bild 3.8 dargestellte Polygonzug besteht aus aufeinanderfolgenden Strecken, wobei der Endpunkt einer Strecke der Anfangspunkt der darauffolgenden Strecke bildet. Dies entspricht der üblichen Auffassung eines Polygonzuges.

Wegen seiner herausragenden Stellung – er dürfte eines der häufigsten Elemente der Austauschfiles sein – wollen wir den Polygonzug an dieser Stelle etwas ausführlicher betrachten.

Wollte man den Polygonzug mit den üblichen Entities der elementaren Geometrie beschreiben, also jede Strecke zunächst als Gerade, aus der anschließend mit dem einheitlichen Trimm–Mechanismus der gewünschte Abschnitt herausgeschnitten wird, so erhielte man vergleichsweise umfangreiche Austauschfiles. Außerdem wäre wegen numerischer Ungenauigkeiten der Endpunkt einer Strecke nicht exakt der Anfangspunkt der darauffolgenden Strecke.

Um diese Probleme von Anfang an zu vermeiden, ist der Polygonzug als Folge von Punkten beschrieben, von denen man annimmt, daß sie durch Strecken miteinander verbunden sind.

Die in Bild 3.8 in der Mitte angegebene zusammengesetzte Kurve besteht nicht ausschließlich aus Strecken, sondern kann auch andere Geometrieelemente z. B. Kreisbögen enthalten. Sie ist also eine Liste von geometrischen Elementen, in der auch Polygonzüge auftauchen dürfen. Die Elemente müssen dabei nicht zusammenhängend sein.

Wir wollen nun das noch verbleibende Entity für zusammengesetzte Geometrie, die rechts in Bild 3.8 angegebene Fläche, untersuchen. Dieses Element wurde unter anderem im Hinblick auf die Möglichkeit entwickelt, Flächen als geschlossene zusammengesetzte Kurven zu definieren, denen Schraffuren als Eigenschaft zugeordnet werden können. Die vielen kurzen Striche einer Schraffur brauchen dann nicht mehr übertragen zu werden. Die Schraffur erzeugt das empfangende CAD–System mit seinem Schraffuralgorithmus. Damit wird der CAD–Austauschfile erheblich kürzer.

Selbstverständlich kann die Fläche, wie in Bild 3.8 dargestellt, Aussparungen enthalten. Die Begrenzung muß nicht geradlinig sein.

3.2.4. Sachdaten

Linien, Symbole und Gruppen stellen in Bauzeichnungen Objekte dar mit einer Fülle von Eigenschaften und Merkmalen. Ein Pumpensymbol stellt eine Pumpe einer bestimmten Leistung dar, eventuell säurefest, betehend aus einem bestimmten Material, bezogen von einem Hersteller etc. Diese Eigenschaften und Merkmale fassen wir unter dem Begriff Sachdaten zusammen.

In den Zeichnungen sind diese Sachdaten so gut wie nie angegeben. Lediglich im Werkplan sind eventuell auszugsweise einige wenige Sachdaten vorhanden.

Gelingt es, die CAD–Daten mit den Sachdaten zu verknüpfen, so ergeben sich eine Fülle von Auswertemöglichkeiten. Den CAD–Elementen kann man z. B. Klassifikationsmerkmale der Kostenplanung, Kostenwerte und Mengen zuordnen und anhand dieser Daten eine Kostenplanung durchführen. Ähnlich können die CAD–Daten und Sachdaten zur Erstellung von Leistungsverzeichnissen verwendet werden.

Fast noch wichtiger ist diese Vernüpfung von CAD–Daten mit Sachdaten im Hinblick auf die Bestandsverwaltung. Typische Anwendungsfälle sind hier die Zuordnung von Funktionen, Kostenstellen, Organisationsbereichen zu Flächen oder von technischen Merkmalen zu Symbolen oder Gruppen der technischen Gebäudeausrüstung.

Wir wollen uns an dieser Stelle den Stand der Technik vergegenwärtigen. Die technischen Sachdaten werden in der Regel nicht im CAD–System gespeichert, sondern in Datenbanken. Auf diese Datenbanken kann man vom CAD–System zur Laufzeit zugreifen. Außerdem besteht eine enge Verknüpfung zwischen den CAD–Elementen und den Elementen der Datenbank. Jedes CAD–Element weiß, welche Datenbankinformationen mit Sachdaten zu ihm gehören. Es besteht also ein hohes Maß an Integration von CAD–System und Datenbank.

Wir wollen uns die beim Austausch von miteinander verknüpften CAD– und Sachdaten auftretenden Anforderungen und deren Lösung bei STEP–2DBS anhand eines Beispieles klarmachen. Das Beispiel, es ist in Bild 3.9 dargestellt, stammt aus der Objektverwaltung. Dies ist die zur Zeit am weitesten fortgeschrittene integrierte Anwendung von CAD–Systemen und Datenbanksystemen für Sachdaten.

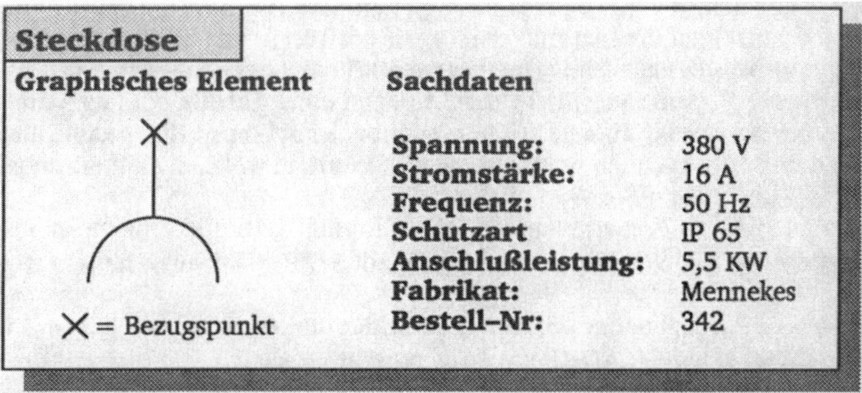

Bild 3.9 Graphisches Symbol für eine Steckdose und zugeordnete Sachdaten

Die in Bild 3.9 dargestellt Liste von Sachdaten für die technischen Merkmale einer Steckdose ist die stark reduzierte Liste eines Automobilherstellers. Für derartige Listen gibt es zur Zeit keine Standards, weder für elektrische Schalter, noch für Türen, Fenster, Sanitärgegenstände oder sonstige Objekte.

Derartige Standardlisten lassen sich auch in vertretbarer Zeit nicht entwickeln, das Feld der zu standardisierenden Listen ist zu groß, das Spektrum der unterschiedlichen Anforderungen zu breit und die Geschwindigkeit, mit der Standards entwickelt und verabschiedet werden, bedingt durch langwierige Einspruchs– und Abstimmungsverfahren, zu langsam.

Es lassen sich jedoch Mechanismen entwickeln, mit denen man Attributtabellen mit Sachdaten und deren Verknüpfung mit graphischen und geometrischen Daten austauschen kann. Die ausgetauschten Daten umfassen dann nicht nur die Tabellen mit den Sachdaten und deren Verknüpfung mit den CAD–Daten, sondern zusätzlich auch die Definition der Tabellen.

Jeder Anwender kann damit die Tabellen entsprechend seinen Anforderungen gestalten und sie zusammen mit der Tabellendefinition austauschen. Dieser Vorgang soll anhand Bild 3.10 erläutert werden.

Spannung	Strom-stärke	Frequenz	Schutzart	Anschluß-leistung	Fabrikat	Bestell Nr.
Integer	Real	Real	String	Real	String	String

Bild 3.10 Tabellendefinition für die Sachdaten von Steckdosen (Auszug)

Im ersten Schritt wird der Tabellenkopf definiert. Dies sind die Bezeichnungen der einzelnen Spalten und die Typen der Werte, die in diesen Spalten stehen, also ob sie ganzzahlig (Integer), reell (Real) oder einfach Text (String) sind. Dieser Vorgang entspricht dem Anlegen einer Tabelle in einer Datenbank. Bevor man eine Tabelle in einer Datenbank mit Werten füllen kann, muß man dem System ja auch mitteilen, welche Werte in welchen Spalten stehen und welche Typen diese Werte haben.

Genau diese Informationen, sie sind in Bild 3.10 für eine Steckdose entsprechend Bild 3.9 dargestellt, können mit STEP–2DBS ausgetauscht werden.

Wie paßt das nun in das Konzept der Entities und Attribute, mit denen ja in STEP–2DBS generell CAD–Daten ausgetauscht werden?

Es paßt sehr gut zusammen, denn der oben beschriebene Mechanismus gestattet es uns, beispielsweise den Entitytyp **Steckdose** zu definieren. Das erste Attribut dieses Entitytypes ist entsprechend Bild 3.10 die Spannung und vom Attributtyp 'Integer', das zweite Attribut ist die Stromstärke und vom Typ 'Real' usw. Dieser neue Entitytyp Steckdose, der in der Dokumentation des Standards [1] natürlich nicht vorhanden ist, kann wie jeder andere Entitytyp verwendet werden.

Wir kommen nun im nächsten Schritt zu den Entities Steckdose auf dem Austauschfile. Sie enthalten als Attribute die Werte für die Sachdaten. Ein Entity Steckdose beschreibt also nicht ihre geometrische oder grafische Darstellung im CAD–System, sondern eine Steckdose anhand ihrer Sachdaten. Die zu einem Entity Steckdose gehörige Information entspricht also einer Zeile einer Tabelle bzw. einem Satz oder Record einer Datenbank. Das empfangende System kann diese Informationen also in einer Datenbank ablegen.

Im dritten und letzten Schritt wird nun die Verknüpfung hergestellt zwischen dem Entity Steckdose mit den Sachdaten und dem CAD–Element, das die Steckdose grafisch darstellt.

Wir wollen uns zum Schluß dieses Kapitels ansehen, wie diese Informationen auf einem STEP–2DBS Austauschfile aussehen. In Bild 3.11 sind die entsprechenden Zeilen dargestellt.

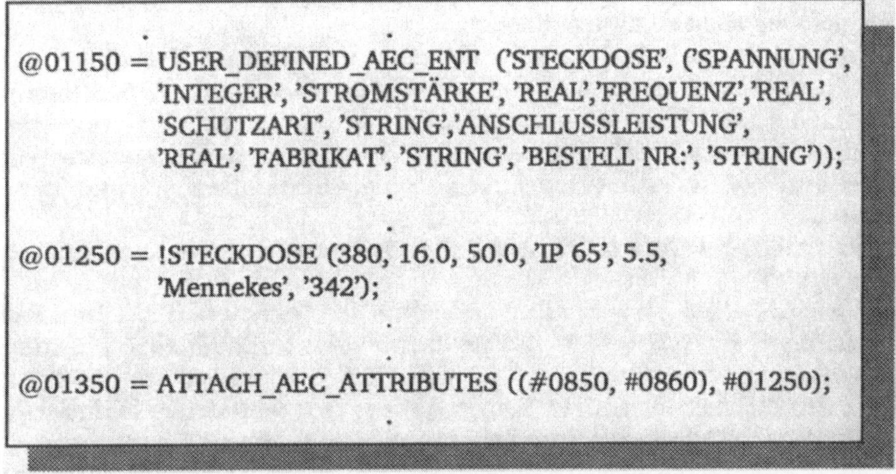

Bild 3.11 Kurzer Ausschnitt aus einem STEP–2DBS mit Sachdaten

In der Zeile, die mit "@01150 =" beginnt, wird die Tabelle "Steckdose" und damit der Entitytyp gleichen Names definiert. Durch einen Vergleich der drei Zeilen mit Bild 3.9 erkennt man leicht die Übereinstimmung.

Die Zeile, die mit "@01250 =" beginnt, stellt das Entity "Steckdose" mit den in Bild 3.9 gezeigten Attributen dar. Dem Entitynamen ist dabei ein Ausrufezeichen ! vorangestellt, um es als ein Entity zu kennzeichnen, dessen Definition nicht im Standard [1] zu finden ist, sondern im Austauschfile selbst übertragen wird.

Die Zeile, die mit "@01350 =" beginnt, verknüpft schließlich diese Sachdaten mit den beiden Entities mit den Nummern @0850, @0860, als Referenzen mit # geschrieben. Diese beiden Entities repräsentieren grafische Elemente im Plan entsprechend Bild 3.9.

Da es keine Standards für Tabellen gibt, können Sachdaten mit diesem Mechanismus nur nach vorheriger Absprache der beteiligten Austauschpartner übertragen werden. Sender und Empfänger müssen sich über den Aufbau der Tabellen mit den Sachdaten einigen, und das empfangende System muß in der Lage sein, die Sachdaten in geeigneten Datenbanksystemen zu speichern und die Verknüpfungen mit den CAD–Daten herzustellen.

3.2.5. Grafische Elemente (Annotation)

Aufbau. In diesem Bereich werden die CAD–Elemente zusammengefasst, die nicht zur Geometrie gehören, die beispielsweise nicht durch eine Projektionsvorschrift aus einem 3D–Modell abgeleitet werden können. Auch Symbole wie Tür– und Fenstersymbole, die 3D–Geometrie stellvertretend darstellen, gehören nicht zu diesem Bereich.

Typische Beispiele für grafische Elemente sind dagegen Bemaßung, Beschriftung, Schraffur, Raster– und Mittellinien, Tabellen, z. B. Stahllisten, Blattränder etc. Diese Elemente sind selbst nicht Bestandteil der Geometrie, sondern "kommentieren" sie. Im englischen Sprachraum werden sie deswegen unter dem Begriff "Annotation = Anmerkung, Kommentierung" zusammengefasst.

Für diese Trennung von "Annotation" und Geometrie gibt es hauptsächlich zwei Gründe:

– Viele CAD–Systeme behandeln Geometrie und "Annotation" bei Transformationen unterschiedlich. Die Geometrie wird im Maßstab 1:1, also in wirklichen Abmessungen, im CAD–System gespeichert und beim Zeichnen in den Zielmaßstab skaliert. Annotation dagegen wird bereits in skalierter Form im CAD–System gespeichert. Um auf dem Austauschfile zu erkennen, welche Entities zu welchem Bereich gehören, ist es zweckmäßig, diese Unterscheidung zu treffen.

– Im Hinblick auf einen zukünftigen 3D–CAD–Datenaustausch will man unterscheiden können, welche CAD–Elemente durch eine Projektion aus einem 3D–Modell ableitbar sind. Im empfangenden CAD–System hat man dann die Möglichkeit, diese CAD–Elemente durch eine Projektion "neu" zu erzeugen. Diese "neue" Geometrie ersetzt die bisherige "alte" Geometrie. Man kann so den 2D–CAD–Datenaustausch als Untermenge eines 3D–CAD–Datenaustausches aufwärtskompatibel gestalten.

Die grafischen Elemente kann man in Basiselemente und zusammengesetzte Elemente einteilen. Typische Basiselemente sind Texte und Linien. Sie haben keine bestimmte Bedeutung, sondern können für die verschiedensten Zwecke eingesetzt werden.

Zusammengesetzte Elemente bestehen, wie es bereits der Name andeutet, aus mehreren Basiselementen, wobei jedes Basiselement eine bestimmte Bedeutung innerhalb des zusammengesetzten Elementes hat. Das wohl häufigste zusammengesetzte Element ist die Bemaßung. Sie setzt sich aus den Basiselementen Text als Maßzahl, Linien als Maßlinie und Maßhilfslinie und Symbolen als Maßbegrenzungen zusammen. Aus diesen Basiselementen wird so ein Maßbild aufgebaut. Jedes Basiselement erhält beim Einbau in das zusammengesetzte Element Maßbild seine Bedeutung. Das empfangende CAD–System kann so erkennen, daß bestimmte Linien Maßlinien, bestimmte Texte Maßzahlen darstellen, und es kann diese CAD–Elemente in seinen Datenstrukturen für Bemaßung abgelegen. Sie werden also nicht nur als einfache Texte und Linien ohne spezielle Bedeutung ausgetauscht.

Basiselemente und zusammengesetzte Elemente haben ein ähnliches Verhältnis zueinander wie Atome und Moleküle bei chemischen Verbindungen. Die Atome stellen bestimmte Aspekte der Eigenschaften dar, das Gesamtverhalten wird aber durch das Molekül repräsentiert.

Diese Einteilung in Basiselemente und zusammengesetzte Elemente mit bestimmten Bedeutungen ist in Übereinstimmung mit STEP [9].

Basiselemente.

Grafik. Es werden dieselben Elemente wie bei der Geometrie verwendet. Lediglich die Entitynamen werden durch die Vorsilbe "ANN" als zur "Annotation" gehörig gekennzeichnet. Damit sind auch die Attribute der Annotation–Entities und der Geometrie–Entities identisch. Man hat also zum Übertragen von Rasterlinien, Mittellinien, Stempelfeldern, Nordpfeilen und sonstigen, die Zeichnung erläuternden grafischen Elementen dieselben Möglichkeiten wie bei der Geometrie.

Text. Bei der Definition von Text orientierte man sich bei der Formulierung von STEP–2DBS an bestehenden Standards wie GKS [10], CGM [11] und CGI [12]. Einige der Möglichkeiten, wie man das Aussehen von Text mit STEP–2DBS gestalten und damit austauschen kann, sind in Bild 3.12 dargestellt.

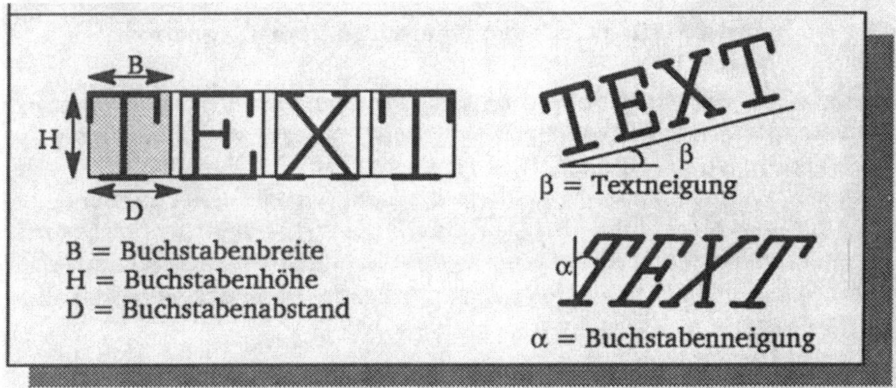

Bild 3.12 Einige Möglichkeiten der Textgestaltung mit STEP–2DBS

Natürlich kann man nach oben, nach unten, nach rechts und nach links schreiben, und Texte können zu mehrzeiligen Textblöcken zusammengefasst und mit einem Rahmen versehen werden.

Der Austausch von Text ist derzeit eine der Hauptschwachstellen beim CAD–Datenaustausch ganz allgemein. Dies liegt in erster Linie daran, daß von CAD–System zu CAD–System unterschiedliche Schriften zur Verfügung stehen und verwendet werden. Außerdem können in den wenigsten Fällen auf dem Austauschfile übertragene Definitionen von Textfonts vom empfangenden CAD–System gelesen und wie eigene Textfonts verarbeitet werden.

Aus diesem Grund hat man bei STEP–2DBS darauf verzichtet, die Definitionen von Textfonts, d. h. die Beschreibung, wie Buchstaben aus Linien aufgebaut sind, zu übertragen. Stattdessen wird die Bezeichnung der verwendeten Textfonts, als Namen wie "Normschrift, DIN 6776", "Futura" oder "Helvetica" ausgetauscht. Im empfangenden CAD–System muß dann geprüft werden, ob derselbe Textfont verfügbar ist. Ist dies der Fall, so wird er verwendet. Andernfalls wird ein Font benutzt, der dem des sendenden CAD–Systems möglichst ähnlich ist.

Von besonderer Bedeutung ist es dabei, einen Textfont derselben Proportionalität zu verwenden, d. h. einen Textfont, der dasselbe Verhältnis Buchstabenhöhe zu Buchstabenbreite wie das sendende CAD–System hat, und zwar für alle Buchstaben. Sonst werden die Texte kürzer oder länger, wie dies aus Bild 3.13 hervorgeht.

Schriftprobe	Textfont
verschiedene Textfonts	Times
verschiedene Textfonts	Dutch
verschiedene Textfonts	Courier
verschiedene Textfonts	Helvetica
verschiedene Textfonts	Futura

Bild 3.13 Textlängen unterschiedlicher Textfonts

Beim Austausch von Text können also in vielen Fällen Überschreibungen auftreten, die sich z. B. dadurch äußern, daß Text nach der Übertragung aus dem Textrahmen herausläuft. Dies mag noch als Schönheitsfehler toleriert werden. In Werkplänen kann die Überschreibung hochgestellter Millimeterangaben bei den Maßzahlen als Folge unterschiedlicher Textfonts nicht mehr hingenommen werden. Aus diesem Grunde wurde in [3] empfohlen in CAD–Plänen, die ausgetauscht werden sollen, nur Textfonts mit der Proportionalität der Normschrift nach DIN 6776 zu verwenden.

Schraffuren. So gut wie jedes CAD–System verfügt über einen leistungsfähigen Schraffuralgorithmus, mit dem man Flächen mit und ohne

Aussparungen schraffieren kann. Als Ausgangswerte benutzen diese Schraf-
furalgorithmen die zu schraffierende Fläche und die Definition der Schraffur
durch ihre Neigung, die Linientypen (durchgezogen, gestrichelt, strichpunktiert, etc.) und den Abstand der parallelen Schraffurlinien untereinander.
Diese Schraffurdefinitionen werden in Katalogen gespeichert. Sie enthalten in
der Regel die Schraffuren für alle gängigen Baumaterialien wie bewehrten
oder unbewehrten Beton, Mauerwerk oder Betonfertigteile. Man kann sie anhand des Materials abrufen.

Der Schraffuralgorithmus erzeugt in der Regel eine Fülle von Strichen, insbesondere, wenn Schnittflächen von Betonbauteilen mit einer gestrichelten
Schraffur angelegt werden. Werden diese vielen Einzellinien, die die Schraffur
darstellen, als Einzelelemente beim CAD–Datenaustausch übertragen, so wird
der Austauschfile stark aufgebläht. Dies ist bei vielen der gängigen Aus-
tauschformate der Fall. In Abschnitt 3.3 "STEP–2DBS im Vergleich mit anderen Formaten" wird auf diesen Aspekt näher eingegangen.

Bei dem Auflösen der Schraffur in einzelne Striche geht in der Regel auch der
Bezug zu der zu schraffierenden Fläche verloren. Wird dann z. B. die Schnittfläche verschoben, so bleibt die Schraffur, wo sie war.

Bei der Entwicklung von STEP–2DBS wollte man diese Nachteile ver-
meiden. Schraffuren werden als Eigenschaften von Flächen übertragen. Einer
Fläche wird eine in dem Bibliotheksbereich von STEP–2DBS definierte Schraf-
fur zugeordnet. Die zugehörigen Schraffurlinien befinden sich nicht auf dem
Austauschfile, sondern werden vom Schraffuralgorithmus des empfangenden
CAD–Systems erzeugt. Dieses Verfahren spart nicht nur erheblichen
Speicherplatz auf dem Austauschfile, sondern erhält auch die Verbindung
zwischen der Schraffur und der zu schraffierenden Fläche.
Wie sieht nun so eine Schraffurdefinition aus?

Lassen Sie uns mit einer einfachen Schraffur beginnen. Ein einfache Schraffur besteht aus der Definition einer Geraden durch ihre Neigung, dem auf
dieser Geraden liegenden Strichmuster, also den Abständen, die abwechselnd
mit gehobenem und gesenktem Stift gefahren werden. Dieses Strichmuster
wird periodisch wiederholt. Außerdem wird noch der Abstand der parallelen
Linien angegeben. Die Schraffuren für Mauerwerk oder unbewehrten Beton
sind beispielsweise derartige einfache Schraffuren.

Eine zusammengesetzte Schraffur besteht aus mehreren einfachen Schraffuren, die zu einer zusammengesetzten Schraffur vereinigt werden. Haben die
Geraden der einfachen Schraffuren unterschiedliche Neigungen, so ergeben
sich gekreuzte Schraffuren. Ist das Strichmuster paralleler Geraden abwechselnd durchgezogen und gestrichelt, so ergibt sich die Schraffur von be-
wehrtem Beton.

Mit der soeben beschriebenen Schraffurdefinition lassen sich erheblich
komplexere Flächenmuster als die üblichen Schraffuren beschreiben und
damit platzsparend als Flächenattribut übertragen.

Bild 3.14 gibt einen Überblick über die als Flächenattribute austauschbaren Flächenmuster und zeigt Beispiele von Flächenmustern, die nicht als Flächenattribute ausgetauscht werden können.

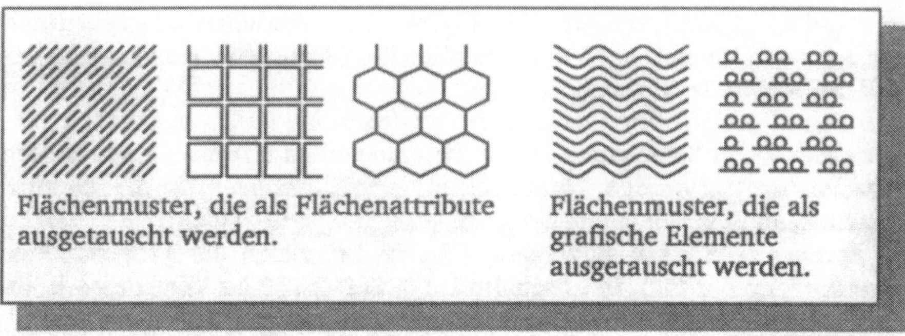

Bild 3.14 Flächenmuster

Die im linken Teil von Bild 3.14 dargestellten Flächenmuster, also selbst das rechteckige und das sechseckige Kachelmuster, können als Scharen paralleler Geraden mit periodischem Strichmuster dargestellt und ausgetauscht werden. Die im rechte Teil von Bild 3.14 dargestellten Flächenmuster können nicht als Scharen paralleler Geraden mit periodischem Strichmuster dargestellt werden. Sie sind damit nicht als Flächenattribut austauschbar.

Sie können natürlich dennoch mit STEP–2DBS ausgetauscht werden. Sie müssen dafür als grafische Elemente dargestellt und übertragen werden. Die Vorteile
– platzsparende Darstellung auf dem Austauschfile und
– Assoziation zur Fläche
gehen dabei verloren.

Zusammengesetzte Elemente.

Bemaßung. Bemaßungen gehören bei Bauzeichnungen zu den am häufigsten auftretenden Elementen. Nach einer Untersuchung von IBM [13] entfällt auf die Bemaßung ca. 30% der Elemente (Striche und Text) von Zeichnungen.

Wegen dieser herausragenden Bedeutung bieten CAD–Systeme spezielle Funktionen, um Bemaßungen schnell und fehlerfrei zu erzeugen. Dies soll anhand von Bild 3.15 beschrieben werden. Es zeigt einen Ausschnitt aus einem Werkplan mit parallelen Kettenmaßen.

Die in diesem Bild gezeigte Bemaßung wird nicht Strich für Strich, Zahl für Zahl mit den normalen Zeichnungs– und Texteingabefunktionen des CAD–Systems erzeugt, sondern es wird eine spezielle Bemaßungsfunktion aufgerufen. Diese Bemaßungsfunktion erwartet als Eingabe die zu bemaßenden Punkte (sie werden vom Anwender mit dem Cursor identifiziert) und Angaben darüber, wo die Maßlinien liegen. Mit diesen Eingabewerten erzeugt das System das Maßbild, d. h. es zeichnet Maßlinien, Maßhilfslinien, Maßbegrenzungen und Maßzahlen und speichert sie in speziellen Datenstrukturen. In den meisten Fällen wird auch gespeichert, zu welchen Punkten der "Geometrie" die Bemaßung gehört. Wird dann die "Geometrie", z. B. eine Fensteröffnung, geändert, so wird automatisch die entsprechende Bemaßung mitgeändert. Diese Art der Bemaßung heißt in der CAD–Terminologie assoziative Bemaßung.

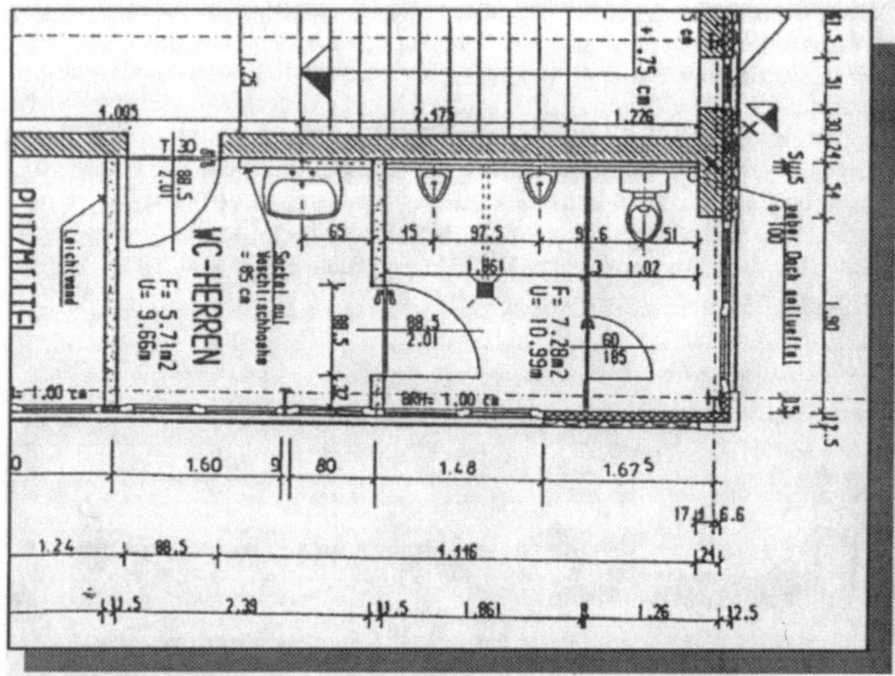

Bild 3.15 Ausschnitt aus einem Werkplan

Wegen der herausragenden Bedeutung der Bemaßung ist es wichtig, sie beim CAD–Datenaustausch als Bemaßung und nicht aufgelöst als Striche (für Maßlinien und Maßhilfslinien), Symbole (für Maßbegrenzungen) und Text (für Maßzahlen) zu übertragen. Nur dann kann sie als Bemaßung in den entsprechenden Datenstrukturen des empfangenden CAD–Systems gespeichert werden. Andernfalls erscheint sie im empfangenden CAD–System als Text und Grafik. Darauf wurde bereits in Abschnitt 3.2.5 hingewiesen.

Um Bemaßung als Bemaßung übertragen zu können, bietet STEP–2DBS das folgende Stufenkonzept.

- Maßlinien, Maßhilfslinien, Maßbegrenzungen und Maßzahlen werden explizit als Striche, Symbole und Text übertragen. Damit wird das exakte Maßbild, allerdings ohne seine Bedeutung als Bemaßung, übertragen.
- Den Elementen wird ihre Bedeutung im Rahmen der Bemaßung zugewiesen. Die Striche, Symbole und Texte "wissen" anschließend, daß sie Maßlinien, Maßhilfslinien, Maßbegrenzungen und Maßzahlen sind.
- Diese Elemente werden zu Gruppen für Maßketten zusammengefaßt. Damit können sie in die Datenstrukturen für Bemaßung des empfangenden CAD–Systems übertragen werden.
- Die Verknüpfung mit der Geometrie wird übertragen. Damit kann eine assoziative Bemaßung ausgetauscht werden.

Diese Stufenkonzept erlaubt es, je nach der "Intelligenz" des sendenden und empfangenden CAD–Systems eine Bemaßung als Striche, Symbole und Text, als Bemaßung ohne Assoziation zur Geometrie oder als assoziative Bemaßung auszutauschen. Den Unterschied sieht man dem Maßbild zunächst nicht an. Man bemerkt ihn aber sofort, wenn man die Bemaßung verändern will, wenn man z. B. eine Maßkette als Ganzes verschieben will oder die Breite einer Türöffnung ändert. Wird beispielsweise die Bemaßung der Tür als assoziative Bemaßung ausgetauscht, so wird das Maßbild automatisch mitkorrigiert.

Mit STEP–2DBS können, wie in Bild 3.16 dargestellt, zwei Arten der assoziativen Bemaßung ausgetauscht werden.

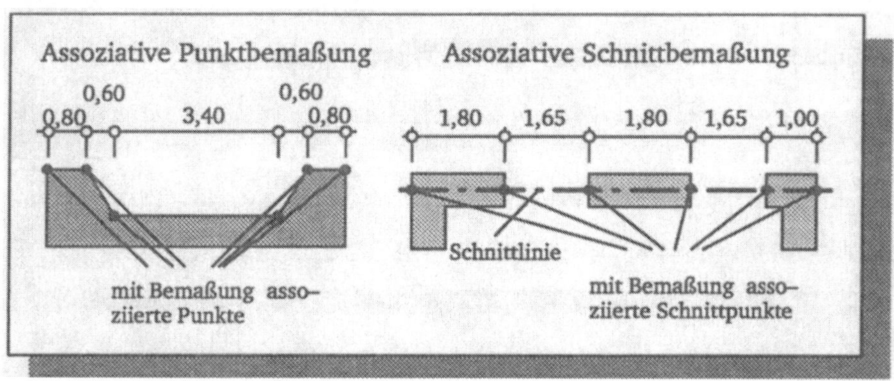

Bild 3.16 Assoziative Punkt– und Schnittbemaßung

Bei der assoziativen Punktbemaßung – sie ist die klassische Art der assoziativen Bemaßung – werden die zu bemaßenden Punkte und die Referenz auf die durch sie definierten Maße gespeichert. Das CAD–System weiß so, welche Maßeinträge zu korrigieren sind, wenn die Lage der Punkte verändert wird.

Im Bauwesen liegen häufig die zu bemaßenden Punkte auf einer Linie, man denke nur an die langen Maßketten, wenn Wände mit Fenstern und Türen bemaßt werden. In diesen Fällen ist es zweckmäßig, eine Schnittlinie durch die zu bemaßenden Bauteile zu legen. Diese Schnittlinie schneidet die Kontur der Bauteile und erzeugt so Schnittpunkte. Diese Schnittpunkte werden auf der Maßlinie assoziativ bemaßt.

3.2.6. Strukturinformationen und Planzusammenbau

Strukturen. Was bedeutet der Begriff "Strukturen" in Zusammenhang mit CAD–Systemen?

Das Wort "Struktur" ist heute fast zu einem Allerweltswort mit vielen unterschiedlichen Bedeutungen verkommen. Je nach dem Zusammenhang, in dem es verwendet wird, gibt das große DUDEN–Lexikon [14] 8 unterschiediche Bedeutungen an. Es ist deswegen sinnvoll, die etymologischen Wurzeln dieses Wortes darzustellen und seine Bedeutung in Zusammenhang mit CAD–Systemen zu präzisieren.

Nach [15] wurde das Wort Struktur im 18. Jahrhundert aus dem lateinischen structura entlehnt. Structura bedeutet dabei Bauart, Zusammenfügung, Ordnung, aber auch Bauwerk [16]. Das Wort Struktur hat also eine enge Verwandtschaft zum Bauen.

In Zusammenhang mit CAD–Systemen – oder genauer mit CAD–Daten – wollen wir unter Struktur alle die Eigenschaften verstehen, die aus einer ungeordneten, amorphen Menge von Strichen, Buchstaben und Ziffern wohlgeordnete, hierarchisch gegliederte, zu größeren Einheiten zusammengefasste CAD–Daten machen. Der Strukturbegriff ist also ein Ordnungsbegriff.

Die Struktur der CAD–Daten ist zunächst unsichtbar. Die mit dem Plotter ausgezeichneten oder auf dem Bildschirm dargestellten wohlstrukturierten CAD–Daten sehen nicht anders aus als der unstrukturierte "CAD–Strichhaufen". Erst beim Weiterverarbeiten merkt man, ob die CAD–Daten strukturiert sind oder nicht. Am offenkundigsten tritt es beim Identifizieren auf. Man "klickt" beispielsweise mit dem Cursor eine Linie an und identifiziert damit ein Symbol, eine Maßkette oder gar die gesamte Möblierung eines Zimmers, von der die Linie ein Element ist.

Strukturen entstehen in CAD–Systeme bereits implizit durch die unterschiedlichen höheren Funktionen. Ein typisches Beispiel ist die Bemaßung. Durch die Ausführung eines Bemaßungsbefehles werden Maßlinien, Maßhilfslinien, Maßbegrenzungen und Maßzahlen nicht als ungeordnete Menge in den CAD–Daten abgelegt, sondern als wohlstrukturierte Informationen, die es erlauben, später ganze Maßketten "en bloc" senkrecht zur Maßlinie zu verschieben. Auch Schraffuren sind CAD–Daten mit Struktur. Die so durch bestimmte Befehle automatisch erzeugten Strukturen wurden bereits in den vorangegangenen Abschnitten erörtert. Deswegen wird auf sie hier nicht weiter eingegangen.

Daneben gibt es Strukturen, die explizit vom Anwender durch geeignete Strukturierungsbefehle angelegt werden. Die so explizit angelegten Strukturelemente sind:

– Layer,
– Gruppen,
– Symbole und sogenannte
– Instance–Mechanismen.

Diese Strukturelelemente sollen in den folgenden Abschnitten ausführlicher beschrieben werden. Lediglich die Symbole werden hier nicht betrachtet, da sie bereits in Abschnitt 3.2.2 erörtert wurden.

Layer. Layer sind das wohl am häufigsten eingesetzte Mittel, um CAD–Daten zu strukturieren. Nach den US–amerikanischen Layerrichtlinien [16] sind CAD–Layer Attribute von geometrischen oder grafischen CAD–Elementen. Sie werden einerseits zur Steuerung der Sichtbarkeit, aber auch zur Klassifizierung der CAD–Daten bzw. der Planinhalte, z. B. nach Gewerken, eingesetzt.

Die Wirkung von Layern kann man sich am besten anhand des Schichtzeichnens und der Reprotechnik [4,5] klarmachen. Wie bei der Reprotechnik die Sichtbarkeit dadurch gesteuert wird, daß eine Klarsichtfolie bei der Belichtung aufgelegt wird oder nicht, so kann man durch das Ein– und Ausschalten des Layer die Sichtbarkeit der zu ihm gehörigen Linien und Texte steuern. Wie beim Schichtzeichnen wird dieser ”Mechanismus” zur Klassifikation von Information und damit zur thematischen Trennung unterschiedlicher Planinhalte verwendet. Dies ist in Bild 3.17 vereinfachend dargestellt.

Eine zweckmäßig angewandte Layertechnik erschließt dem Anwender folgende Vorteile:

– Bessere Kontrolle der Sichtbarkeit der CAD–Informationen,
– Erleichterung des Arbeitens am Bildschirm durch selektive Darstellung der benötigten Information,
– schnellerer Bildaufbau,
– Kontrolle der grafischen Attribute wie Farbe, Strichart, Strichstärke,
– gemeinsame Benutzung derselben Layer von verschiedenen an der Planung beteiligten Architekten und Ingenieuren. Die verschiedenen Fachplaner können beispielsweise alle dieselben Rohbaupläne verwenden.
– Geschossübergreifende Nutzung derselben Layer mit identischen Informationen. Typisches Anwendungsbeispiel ist das Gebäuderaster.
– Nutzung derselben Layer über verschiedene Leistungsphasen nach HOAI. Die Layer der Genehmigungsplanung können beispielsweise für die Ausführungsplanung weiterverwendet werden.

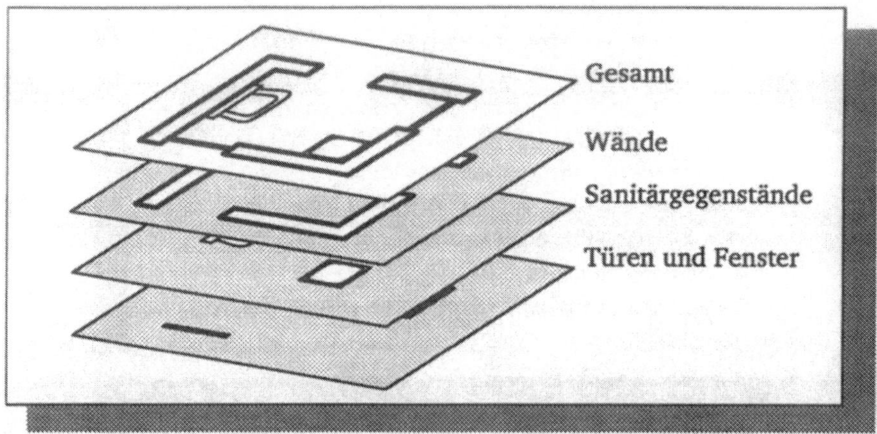

Bild 3.17 Layer und ihre Verwendung in CAD–Systemen

Viele dieser Vorteile können bei dezentralen Bürostrukturen nur genutzt werden, wenn bei einem CAD–Datenaustausch diese Layerinformationen nicht verlorengehen. STEP–2DBS bietet deshalb die Möglichkeit, die CAD–Elemente samt ihrer Layerzugehörigkeit auszutauschen.

Leider ist das Layerkonzept der unterschiedlichen im Bauwesen eingesetzten CAD–Systeme nicht einheitlich. Es gibt die in den folgenden Punkten dargestellten wesentlichen Unterschiede.

– Bei manchen CAD–Systemen kann ein CAD–Element zu mehreren Layern gehören.
– Teilweise dürfen nur Zahlen zur Bezeichnung von Layern verwendet werden.
– Bei manchen CAD–Systemen ist die Zahl der zu einem Plan gehörigen Layer begrenzt.
– Bei manchen CAD–Systemen sind die Layer nicht planübergreifend verwendbar.

Im Rahmen von STEP–2DBS wird von dem in Bild 3.18 dargestellten einheitlichen Layerverständnis ausgegangen.

Um Layer von einem CAD–System in ein anderes CAD–System zu übertragen, müssen also unter Umständen Konvertierungen vorgenommen werden. Layernamen müssen in Layernummern umgesetzt werden, mehrere Layer zu einem Layer zusammengefasst werden, um die maximal zulässige Zahl von Layern nicht zu überschreiten, und Layer müssen eventuell kopiert werden, damit sie in mehreren Plänen verwendet werden können. Diese Probleme können durch Empfehlungen für Layerstrukturen und Absprachen vor Beginn des CAD–Datenaustausches gemildert werden. Man einigt sich beispielsweise auf eine Zuordnungstabelle zwischen Layernamen und Layernummern, wenn eines der beteiligten Systeme nur Nummern als Layerbezeichnung zulässt.

Charakteristische Eigenschaften von Layern bei STEP–2DBS

- Jedes elementare CAD–Entity wie Punkt, Linie oder Kreis gehört zu genau einem Layer.
- Zur Bezeichnung von Layern darf beliebiger Text mit Ziffern verwendet werden.
- Die Zahl der Layer ist unbegrenzt.
- Layer können planübergreifend verwendet werden.

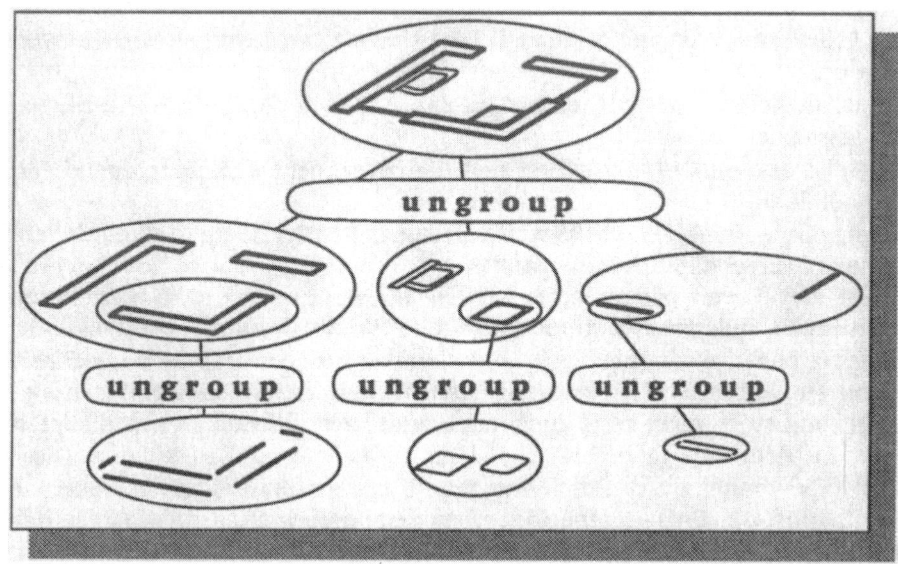

Bild 3.18 Charakteristische Eigenschaften von Layern bei STEP–2DBS

Gruppen. Ein weiteres wichtiges Mittel, CAD–Daten zu strukturieren, ist die Gruppenbildung. Wie in Bild 3.19 dargestellt, können 6 Linien zu einer über Eck gehenden Wand, drei derartiger Wände zu den zu einer Naßzelle gehörenden Wänden und diese "Wandgruppe" zusammen mit den beiden Sanitärsymbolen und den beiden Fenstern zu einer Nasszelle zusammengefasst werden.

Bild 3.19 Layerübergreifende Gruppenbildung bei STEP–2DBS

"Klickt" man mit dem Cursor eine zu dieser Gruppe "Nasszelle" gehörende Linie an, so erhält man die gesamte Nasszelle. Gibt man den zur Auflösung dieser Gruppe gehörenden Befehl, beispielsweise "ungroup" wie in Bild 3.19 dargestellt ein, so zerfällt diese Gruppe in die nächst niedrigere Gruppierungsstufe. Man kann so stufenweise Gruppen bis in ihre Einzelelemente, ihre "CAD–Atome", auflösen.

Gruppenstrukturen sind also hierarchisch gestaffelte Strukturen. Man kann sie am ehesten mit den ebenfalls hierarchisch aufgebauten Klammerstrukturen und den Variablen der Mathematik vergleichen.

Gruppen existieren parallel zu den Layern. Die verschiedenen Elemente einer Gruppe können zu unterschiedlichen Layern gehören. Dies ist für die rationelle Bauplanung von großer Bedeutung. Wir wollen uns dies anhand des Beispieles eines Hotels mit vielen gleichen Zimmern klarmachen.

Zunächst wird ein derartiges Hotelzimmer vollständig entworfen mit Wänden, Möblierung und Elementen der Haustechnik. Dabei ist es zweckmäßig, diese Elemente in unterschiedlichen Layern z.B. für Wände, Türen und Fenster, technischer Ausbau, getrennt nach Ausbaugewerken und Möblierung anzuordnen. Nur dann können sie selektiv für bestimmte Fachpläne verwendet werden.

Alle diese Elemente werden zu der Gruppe "Hotelzimmer" zusammengefasst.

Im nächsten Schritt wird diese Gruppe "Hotelzimmer" mehrfach im Grundriss plaziert. Dabei bleiben die Layerzugehörigkeiten der Elemente erhalten. Die zu den einzelnen Fachgebieten gehörenden Informationen können beliebig ein– oder ausgeblendet werden. Wie dieses "Plazieren" funktioniert, wird im nächsten Abschnitt näher erläutert.

Dieses Beispiel macht deutlich, daß für den effizienten Einsatz von CAD in der Bauplanung beide Strukturierungsmechanismen, Layer und Gruppe, außerdentlich nützlich sind.

Mit STEP–2DBS können Gruppen, wie in den vorangegangenen Absätzen beschrieben, ausgetauscht werden.

Instance–Mechanismen. Baupläne sind voll von sich wiederholenden Teilen. In der Architektur sind dies beispielsweise die Symbole für Türen, Fenster und Möblierung, im Bereich der Tragwerksplanung die Bewehrungsformen, und im Bereich der technischen Gebäudeausrüstung sind es die Symbole für die technischen Installationen. Diese sich wiederholenden Teile können auch, wie im vorangegangenen Abschnitt beschrieben, ganze Hotelzimmer sein.

Bild 3.20 zeigt einen Installationsplan, bei dem haustechnische Symbole breite Anwendung finden.

Für den Anwender sieht die dabei verwendete Technik immer gleich aus. Von einem Ausgangselement wird eine Kopie angefertigt und im Plan plaziert. Vor dieser Plazierung kann die Kopie skaliert, gespiegelt oder gedreht werden.

Man benötigt diese Eigenschaft, um beispielsweise ein Türsymbol unterschiedlichen Türöffnungen anzupassen.

Aus der Sicht des Anwenders ist es wünschenswert, daß alle erzeugten Kopien geändert werden können, wenn das Ausgangselement geändert wird. Man kann so schnell Varianten untersuchen, indem man beispielsweise die Form aller Pilzstützen dadurch ändert, daß man die Form der Ausgangspilzstütze ändert.

Der dieser Technik zugrundeliegende Mechanismus wird in der CAD–Terminologie vielfach als Instance–Mechanismus bezeichnet. Das Wort ist die direkte "Verdeutschung" des entsprechenden englischen Begriffes instance mechanism.

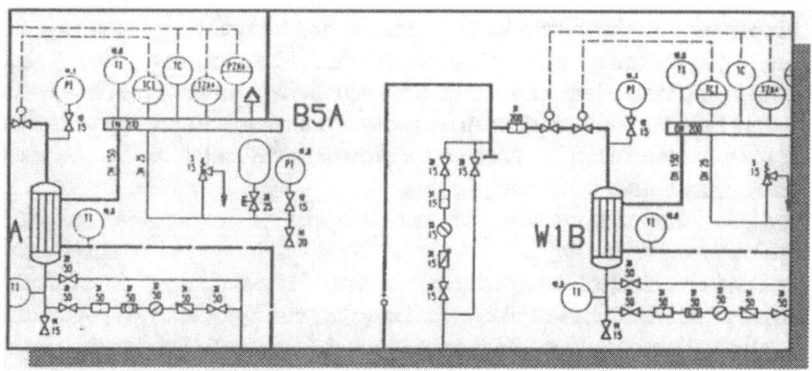

Bild 3.20 Installationsplan

Es gibt nun zwei Möglichkeiten, diesen Instance–Mechanismus im CAD–System und in den CAD–Datenstrukturen zu realisieren.

1. Es wird eine gegebenenfalls skalierte, gespiegelte und gedrehte Kopie des Ausgangselementes angefertigt und plaziert, zusammen mit einem Rückverweis auf das Ausgangselement. Dieser Rückverweis erlaubt es, das plazierte Element zu ändern, wenn das Ausgangselement geändert wird.

2. In den CAD–Daten wird ein Verweis auf das Ausgangselement zusammen mit einem Verschiebungsvektor und einer Transformationsmatrix gespeichert. Die Transformationsmatrix bewirkt die Skalierung, Drehung und Spiegelung des Ausgangselementes, und der Verschiebungsvektor gibt an, wo das transformierte Ausgangselement plaziert wird. Bei jedem neuen "Bildaufbau" wird die Gesamttransformation, bestehend aus Transformationsmatrix und Verschiebungsvektor, durchgeführt. Damit ist automatisch gewährleistet, daß das plazierte Element dem Ausgangselement entspricht.

Die zweite Möglichkeit, Instance–Mechanismen in den Datenstrukturen darzustellen, ist wesentlich platzsparender als die erste Möglichkeit, da keine

Kopie des Ausgangselementes hergestellt wird. Sie wird deswegen von STEP–2DBS zur Übertragung von Instance–Mechanismen verwendet.

Die Konvertierung des zweiten Mechanismus in den ersten Mechanismus ist denkbar einfach. Das empfangende CAD–System muß lediglich die Gesamttransformation auswerten. So entsteht eine skalierte, gespiegelte und gedrehte Kopie des Ausgangselementes am gewünschten Platz, die in die CAD–Datenstrukturen eingefügt werden kann.

Zuordnung der Darstellungsattribute. Die Zuordnung der Darstellungsattribute
- Strichstärke,
- Strichart und
- Farbe

zu den geometrischen und grafischen Entities erfolgt bei STEP–2DBS zweistufig.

In der ersten Stufe werden den Layern pauschal diese Attribute zugeordnet.

In der zweiten Stufe werden den davon abweichenden Elementen individuell diese Attribute zugeordnet.

Wichtig ist, daß alle drei Attribute unabhängig voneinander vergeben werden können. Es besteht also nicht wie bei vielen CAD–Systemen eine zwangsweise Verknüpfung von Farbe und Strichstärke, um unterschiedliche Strichstärken am Bildschirm durch unterschiedliche Farben zu kennzeichnen. Der Anwender kann jedoch den Gebrauch von Farbe so festlegen, daß sich dieser Effekt ergibt.

Die Textattribute
- Textfont,
- Höhe, Breite und Abstand der Buchstaben,
- Neigung und Orientierung der Buchstaben und
- Neigung des Textes

werden wie die grafischen und geometrischen Darstellungsattribute zweistufig zunächst pauschal den Layern und anschließend den davon abweichenden Texten zugeordnet. Die Bedeutung der Textattribute ist in Bild 3.12 dargestellt.

Diese Art der Zuordnung ist platzsparend, da nicht jedem Element die Attribute explizit zugeordnet werden. Sie ist dennoch leicht auswertbar.

Planzusammenbau. Bauzeichnungen bestehen häufig aus mehreren Teilzeichnungen. Diese Teilzeichnungen können unterschiedliche Maßstäbe aufweisen, um z. B. schwierige Details größer darstellen zu können. Dabei werden vielfach Schnittdarstellungen verwendet.

Das bei STEP–2DBS angewandte zweistufige Verfahren zur Planmontage ist in Bild 3.21 dargestellt. Eine zentrale Rolle spielen dabei die Layer. Jeder Layer hat, selbst wenn dies auf dem Austauschfile nicht explizit dargestellt wird, implizit ein lokales Koordinatensystem, bezüglich dessen die Geometrie und die grafischen Elemente beschrieben werden.

Im ersten Schritt werden die Layer eines Planes mit den in den vorangegangenen Abschnitten erläuterten Mitteln beschrieben. Sie können also unabhängig von dem Plan existieren und in verschiedenen Plänen eingebaut werden.

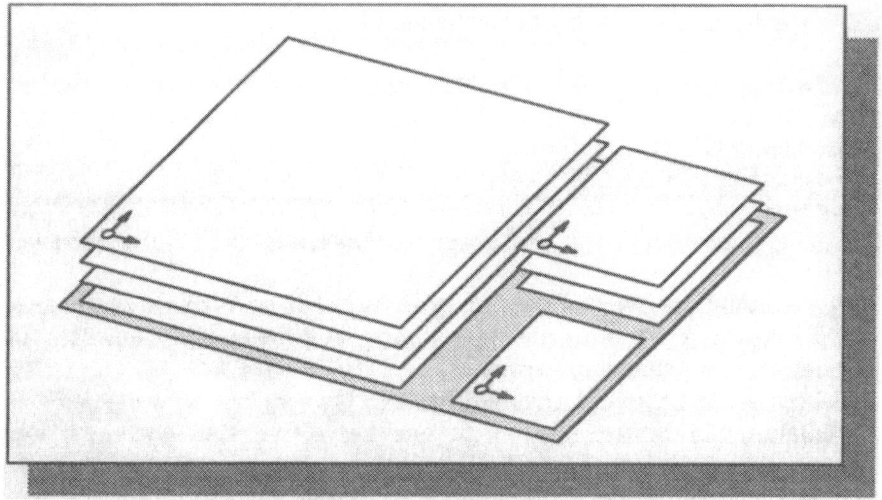

Bild 3.21 Planmontage bei STEP–2DBS

Im zweiten Schritt werden die Layer maßstäblich verkleinert, zu Layerpaketen überlagert und innerhalb des Blattrandes angeordnet.

3.3. STEP–2DBS im Vergleich mit anderen Formaten

3.3.1. STEP–2DBS im Vergleich mit IGES bzw. VDAIS

Zielsetzung und Entstehung von IGES und VDAIS. Die VDAIS [23] beschreibt eine Untermenge von IGES Version 4.0 [6] für den Austausch von CAD/CAM–Daten in der Automobilindustrie. Beide Formate, IGES und VDAIS, sind also nicht wie STEP–2DBS speziell auf die Belange des Bauwesens zugeschnitten. Die mit IGES bzw. der VDAIS übertragbaren Daten umfassen zwei– und dreidimensionale Geometriebeschreibungen, die Bemaßung und das Zeichnungslayout. Der Schwerpunkt ist die Übertragung von 2D–Geometriedaten und Zeichnungsinformationen.

IGES, insbesondere die Version 4.0, ist ein außerordentlich breit angelegtes CAD–Austauschformat. Es soll die Austauschbedürfnisse aller Branchen und der verschiedensten Arten von CAD–Systemen abdecken, vom einfachsten 2D–Zeichensystem bis zum anspruchsvollen 3D–CSG–Modellierer. Wegen dieses breiten Ansatzes ist die Dokumentation äußerst umfangreich. Sie umfaßt mehr als 500 Seiten.

Man möchte meinen, daß allen Wünschen damit Rechnung getragen ist. Warum benötigt man dann noch ergänzende Regelungen wie die VDAIS?

Um diese Frage zu beantworten, ist es zweckmäßig, sich die Akzeptanz von IGES und den Leistungsstand der IGES–Übersetzer in den achtziger Jahren zu vergegenwärtigen. IGES hatte in den achtziger Jahren einen außerordentlich schlechten Ruf, der sich erst gegen Ende dieser Zeitspanne besserte. Dies lag weniger an den Spezifikationen von IGES als an dem mangelhaften Leistungsstand der Übersetzer. Nach einer im Jahre 1983 durchgeführten Untersuchung [24] deckten die für 12 CAD–Systeme verfügbaren IGES–Übersetzer im Durchschnitt nur 27% der damals von IGES gebotenen Möglichkeiten für den Datenaustausch ab. Insbesondere Strukturinformationen gingen beim CAD–Datenaustausch mit IGES verloren.

Im Jahre 1986 wurden bei BMW die IGES–Übersetzer von 16 CAD–Systemen getestet. Die Tests ergaben, daß die 2D–Geometrie zwischen nahezu allen getesteten CAD–Systemen fehlerfrei ausgetauscht werden konnte. Die Bemaßung wurde ebenfalls übertragen, teilweise jedoch unvollständig oder nur als grafische Darstellung. Aus einer Bemaßung waren "Striche + Text " geworden. Sie konnte damit vom empfangenden CAD–System nicht mehr als Bemaßung weiterverarbeitet werden. Der unterstützte Elementumfang war teilweise sehr unterschiedlich. Struktur– und Syntaxfehler waren die Regel. In einer zusammenfassenden Darstellung [25] sah man als Ergebnis dieser Tests, daß sie die in den USA durchgeführte Untersuchungen [24] bestätigten. Zwischen 1983 und 1986 war die Qualität der IGES–Übersetzer also nicht wesentlich besser geworden.

Insbesondere der breite Ansatz von IGES ist für einen verlustfreien CAD–Datenaustausch nachteilig. Die IGES–Übersetzer unterstützen in der Regel nur eine Teilmenge, die von CAD–System zu CAD–System unterschiedlich ist. Daraus ergeben sich zwangsläufig Informationsverluste. Da sich diese Informationsverluste häufig auf Strukturinformationen wie Layer, Gruppenbildungen und Funktionalität wie Bemaßung beziehen, sind sie zunächst unsichtbar und zeigen sich erst bei der Weiterbearbeitung der Daten im empfangenden CAD–System.

Betrachtet man dazu im Vergleich STEP–2DBS, so sollen STEP–2DBS Übersetzer alle Entities unterstützen.

Aus den bei BMW durchgeführten Test zog man die Schlußfolgerungen, daß zusätzliche Richtlinien für die Vereinheitlichung der IGES–Übersetzer erarbeitet werden müssen. Außerdem benötigt man Prüfmittel, um einen fehlerfreien Datenaustausch zu gewährleisten. Diese Erkenntnisse führten zur Entwicklung der VDAIS. Ihr Grundansatz ist in Bild 3.22 dargestellt.

> **VDAIS** = **Definierte Teilmenge der IGES–Spezifikation**
> + **Definierte Prozessorfunktionen**
> + **Richtlinien für Parametereinträge**
> + **Konvertierungsvorschriften für Ersatzelemente**
> + **Organisationsdaten**

Bild 3.22 Grundansatz für die VDAIS entsprechend [23]

Aufbau der VDAIS. Das VDMA/VDA–Einheitsblatt 66 319, in dem die VDAIS beschrieben ist, ist in zwei Teile gegliedert. Teil 1 befaßt sich mit Basisgeometrie, Bemaßung und Zeichnungslayout, Teil 2 mit Freiformgeometrie.

Jeder der beiden Teile ist in die Bereiche
- Anwendungsbereich und Zweck,
- Grundanforderungen,
- Festlegung der IGES–Untermenge,
- allgemeine Implementierungsvorschriften,
- Zusammenfassung und einen
- Anhang A

gegliedert.

Unter "Anwendungsbereich und Zweck" wird z. B. in Teil 1 geschildert, daß sich der Datenaustausch auf zwei– und dreidimensionale Geometrie, Bemaßung und Zeichnungslayout, speziell für die Automobilindustrie, die Zulieferer und deren Maschinenhersteller bezieht. Die Teilmenge von IGES wurde so zusammengestellt, daß der CAD–Datenaustausch zwischen diesen Beteiligten einfach und verlustfrei durchgeführt werden kann.

Unter den "Grundanforderungen" werden in erster Linie die Anforderungen an die Pre– und Postprozessoren beschrieben. Es wird darauf hingewiesen, daß Konvertierungen in Ersatzelemente zulässig sind, um Informationsverluste zu vermeiden. Die Prozessoren müssen als Hintergrundprozesse lauffähig sein, und ein aussagefähiges Protokoll muß erzeugt werden. Eine Konformitätsprüfung wird gefordert.

Bei der "Festlegung der IGES–Untermenge" werden, geordnet nach Leistungsstufen, die IGES–Entities aufgeführt, die zu einer betreffenden Leistungsstufe gehören. Dabei werden auch die Einschränkungen genannt, die für die VDAIS gelten. So müssen z. B. Kegelschnitte immer in der Normallage definiert und mit der Transformationsmatrix im Raum plaziert werden.

Einen wichtigen Bestandteil dieses Bereiches bilden die Richtlinien für die Konvertierung in Ersatzelemente. Hier wird z. B. festgelegt, daß Kegelschnitte als parametrische Splines dritten Grades dargestellt werden dürfen, zusammengesetzte Kurven dürfen vom Postprozessor in Gruppen des empfangenden CAD–Systems umgewandelt werden usw.

Gliederung der VDAIS in Leistungsstufen. Obwohl die VDAIS bereits eine Untermenge von IGES Version 4.0 darstellt, wurde sie weiter in Leistungsstufen unterteilt. Wie in Bild 3.23 dargestellt, gibt es 3 Leistungsstufen G1–G3 für Geometrie, zwei Leistungsstufen B1, B2 für Bemaßung und Zeichnungslayout und zwei Leistungsstufen AF1, AF2 speziell für Freiformgeometrie.

Diese Leistungsstufen sind aufwärtskompatibel, d. h. die Leistungsstufe G2 Basisgeometrie 2D+3D enthält vollständig die Leistungsstufe G1 Basisgeometrie 2D.

Diese Leistungsstufen erlauben eine genaue Beurteilung der Leistungsfähigkeit der Übersetzer. Der Anwender kann sich ein Bild davon machen, welche CAD–Daten durch den VDAIS–Übersetzer übertragen werden können und welche nicht. Ein Übersetzer der Leistungsstufe G1+B2 kann eben 2D–Basisgeometrie inklusive Bemaßung und Zeichnungslayout übertragen und mehr im Zweifelsfalle nicht. Jegliche Art von 3D–Geometrie und Freiformgeometrie gehen beim Übersetzen verloren.

STEP–2DBS deckt die den Leistungsstufen G1, B1 und B2 entsprechenden Bereiche ab. STEP–2DBS ist derzeit nicht in Leistungsstufen eingeteilt. Übersetzer sollen alle Elemente berücksichtigen.

Künftig wird es auch für STEP–2DBS maximal drei Leistungsstufen geben, um beurteilen zu können, ob ein Prozessor beispielsweise eine assoziative Bemaßung oder Sachdaten übertragen kann. Diese Leistungsstufen werden in Teil 2 des Leitfadens erörtert.

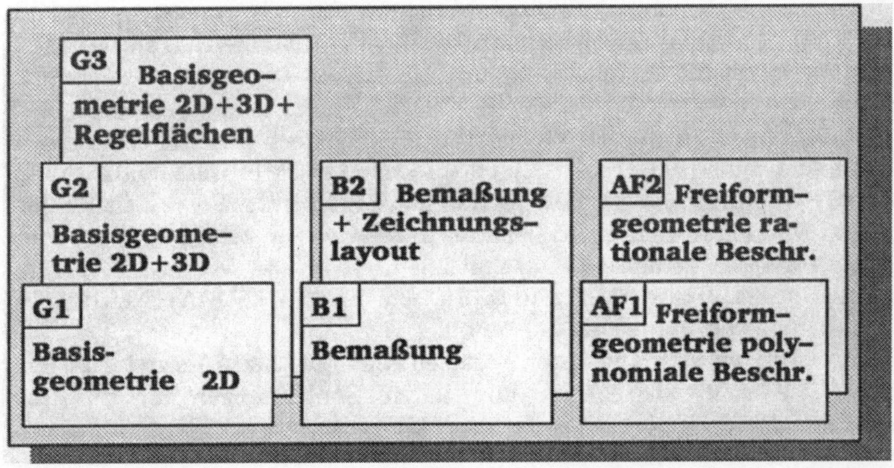

Bild 3.23 Gliederung der VDAIS in Leistungsstufen

Ein detaillierter Vergleich der VDAIS mit STEP–2DBS auf Entityebene ist in [2] dargestellt.

3.3.2. STEP–2DBS im Vergleich mit DXF

Zielsetzung und Bedeutung. Das DXF (Drawing Interchange File)–Format ist das externe CAD–Datenformat von AutoCAD. Es wurde entwickelt, um den Austausch von Zeichnungen zwischen AutoCAD und anderen Programmen zu unterstützen. Ein mit AutoCAD erzeugter DXF–File enthält dabei alle Informationen der entsprechenden internen CAD–Daten von AutoCAD [21,22]. Dies hat weitreichende Folgen für den CAD–Datenaustausch, die wir uns anhand eines Zitates aus [21] klarmachen können.

"Remember that a DXF file is a complete representation of the drawing database, and that as AutoCAD is further enhanced, new groups will be added to entities to accomodate additional features. Writing your DXF processing program in a table–driven way, making no assumptions about the order of groups in an entity, and ignoring any groups not presently defined, will make it much easier to accomodate DXF files from future releases of AutoCAD."

Es ist also die erklärte Strategie von AutoCAD, DXF an die Funktionalität der jeweils neuesten Version von AutoCAD anzupassen. Nur dann kann der vollständige Informationsgehalt der CAD–Daten von AutoCAD mit DXF übertragen werden. Dies hat zur Folge, daß die Übersetzer von DXF–Files bei jedem Versionswechsel von AutoCAD an die jeweils neueste Version von AutoCAD bzw. von DXF angepasst werden müssen. Dabei können selbst bereits existierende Entities durch zusätzliche optionale Attribute erweitert werden.

Dennoch konnte sich DXF im Austauschalltag von CAD–Daten als das derzeit am weitesten verbreitete Format durchsetzen. Woran liegt dies?

- AutoCAD ist mit weltweit mehr als 500 000 Installationen das am weitesten verbreitete CAD–System.
- Als DXF entwickelt wurde, war es praktisch konkurrenzlos. Lediglich IGES war als Austauschformat verfügbar. IGES ist jedoch wesentlich umfassender und komplizierter, und dementsprechend ist die Prozessorentwicklung bei weitem aufwendiger und der Datenaustausch mit mehr Unsicherheiten und Informationsverlusten behaftet. Darauf wurde bereits in den vorangegangenen Abschnitten eingegangen.
- Die Übersetzerentwicklung für DXF ist wie für STEP–2DBS vergleichsweise unkompliziert und wenig aufwendig.

Wir wollen uns in den nächsten Absätzen einige Unterschiede zwischen DXF und STEP–2DBS klarmachen und deren Konsequenzen für die Austauschpraxis.

Im Gegensatz zu DXF ist STEP–2DBS nicht auf das Leistungsspektrum eines Herstellers zugeschnitten, sondern stellt den bereits in Kapitel 1 genannten "gemeinsamen Nenner" der im Bauwesen marktrelevanten CAD–Systeme dar. Es wurde nicht von einem Anbieter von CAD–Systemen entwickelt, sondern von einem DIN–Arbeitskreis. In diesem DIN–Arbeitskreis arbeiten die

Vertreter marktrelevanter CAD–Systeme für das Bauwesen mit. STEP–2DBS wird von den Spitzenverbänden des Bauwesens unterstützt.

Um der gesteigerten Leistungsfähigkeit der CAD–Systeme Rechnung zu tragen, geschieht die Weiterentwicklung von STEP–2DBS in dem genannten DIN–Arbeitskreis unter Mitwirkung der Systemanbieter. Sie haben einen speziellen Unterarbeitskreis, in dem sich die Entwickler absprechen. Es kann also nicht passieren, daß bei einer neuen Version plötzlich die Übersetzer nicht mehr funktionieren, da die Spezifikation ohne Vorankündigung geändert wurde. Dies hat auch weitreichende Folgen für die Archivierung von CAD–Daten, was insbesondere für die Bestandsverwaltung von großer Bedeutung ist.

Es ist erklärte Geschäftspolitk von Autodesk, DXF aufwärtskompatibel zu halten. In der Praxis haben sich jedoch häufig die oben geschilderten Effekte ergeben.

DXF ist zwar weltweit verbreitet und STEP–2DBS derzeit hauptsächlich in Deutschland. Die Niederlande führen ebenfalls STEP–2DBS für den CAD–Datenaustausch im Bereich des Straßenbaus ein. STEP–2DBS wurde als deutscher Beitrag zur internationalen ISO/STEP–Normung eingereicht.

Ein weiterer wesentlicher Unterschied der Zielsetzungen beider Formate besteht darin, daß DXF branchenübergreifend den CAD–Datenaustausch ermöglichen soll und STEP–2DBS sich auf das Bauwesen konzentriert. Ballast aus anderen Branchen wird also bei STEP–2DBS nicht mitgeschleppt.

Aufbau eines DXF–Files. Das DXF–Format ist ähnlich wie das STEP–2DBS–Format in mehrere Bereiche gegliedert. Wir wollen uns im folgenden diese Bereiche etwas näher ansehen.

Header. Ähnlich wie STEP–2DBS hat DXF einen Header–Bereich. Bei DXF werden in diesem Bereich die Einstellungen der internen AutoCAD–Variablen des sendenden AutoCAD–Systems abgelegt. Typische derartige Angaben sind die Versionsnummer von AutoCAD, die Größe des Bemaßungspfeiles, der allgemeine Skalierungsfaktor der Bemaßung, der Fangmodus für Punkte (Rasterpunkte, Objekte), die Darstellung von Punkten etc. Diese Angaben steuern das Verhalten von AutoCAD. Sie sind ausgesprochen AutoCAD–spezifisch. Der Header–Bereich ist optional und wird von vielen DXF–Übersetzern nicht verwendet.

Tables. Dieser Bereich kann, wenn überhaupt, am ehesten mit dem Bereich für Bibliothekselemente von STEP–2DBS verglichen werden. Er umfasst jedoch wesentlich weniger Elemente als der Bereich für Bibliothekselemente bei STEP–2DBS. In den folgenden Absätzen werden die Elemente des Bereichs für Tables bei DXF kurz geschildert. Die in Klammern gesetzte Zahl nach der Bezeichnung der Elemente gibt an, ab welcher Version von AutoCAD diese Elemente in Bereich von Tables auftreten.

Die Erhebung geht bis auf die Version 9.0 zurück. Ältere Versionen wurden nicht untersucht. Die Angabe (9.0) bedeutet also, daß das Element in Version 9.0 oder einer älteren Version von AutoCAD vorhanden ist.

- *LTYPE (9):* Es werden Stricharten (gestrichelt, gepunktet, strichpunktiert etc.) definiert und Namen zugeordnet. Dieser Name kann als grafisches Attribut Layern und CAD–Grundelementen zugeordnet werden.
- *LAYER (9):* Den Layern werden pauschal grafische Attribute wie Farbe und Strichart zugeordnet.
- *STYLE (9):* Textattribute werden zusammengefasst und einem Namen zugeordnet. Damit ist das Aussehen einer Schrift festgelegt, und der Name kann als Textattribut einem Text zugeordnet werden.
- *VIEW (9):* Es werden rechteckige Ausschnitte aus Zeichnungen definiert.
- *UCS (10):* UCS steht für User Coordinate System. Wie schon der Name besagt, können hier vom Benutzer lokale Koordinatensysteme definiert werden um, beispielsweise bei abgewinkelten Gebäuden bequemer entwerfen zu können.
- *VPORT (10):* Definition eines Ansichtsfensters auf dem Bildschirm.
- *APPID (11):* Name einer Anwendung.
- *DIMSTYLE (11):* Namen von Bemaßungsarten.

Wir haben diesen Bereich aus mehreren Gründen etwas ausführlicher behandelt. Zunächst geht es darum, die Unterschiede zu STEP–2DBS herauszuarbeiten. Im Library–Bereich von STEP–2DBS sind doch wesentlich mehr Informationen enthalten. In DXF fehlen beispielsweise die Symboltabellen oder die Tabellen für Schraffuren. Andererseits enthält der TABLES–Bereich von DXF mit VIEW und VIEWPORT Angaben, die AutoCAD–spezifisch das Arbeiten am Bildschirm steuern.

Außerdem macht die Aufzählung deutlich, daß von Version zu Version neue Elemente in den TABLES–Bereich eingefügt wurden. Damit nicht genug, auch einzelne Elemente wie beispielsweise das Element VIEW wurden beim Wechsel von AutoCAD Version 9 auf Version 10 erweitert und damit modifiziert. Dies ist einem zuverlässigen CAD–Datenaustausch nicht gerade zuträglich.

Blocks. Dieser Bereich enthält die Definitionen von Blöcken. Blöcke sind neben Layern die einzigen Strukturierungsmechanismen von DXF. Es gibt also bei DXF neben dem Layer einheitlich den Block zur Strukturierung von CAD–Daten und nicht, wie bei STEP–2DBS, ein abgestuftes Repertoire von Symbolen, Gruppen und Instance–Mechanismen (siehe Abschnitt 3.2.6, Strukturen)

Ein Block muß einen Namen haben und enthält alle zu ihm gehörigen grafischen und geometrischen Elemente. Blöcke können andere Blöcke enthalten. Damit können hierarchisch gestaffelte Strukturen aufgebaut werden. Dies entspricht den Gruppen von STEP–2DBS (siehe Abschnitt 3.2.6, Gruppen).

Entities. Dieser Bereich enthält die eigentlichen CAD–Elemente. Er enthält also Punkte, Linien, Bemaßungen, Texte, etc., aber auch plazierte Blöcke. Die grafischen Attribute erhalten diese Elemente entweder mit den Layern oder entityweise. Es können also auch entitybezogen grafische Attribute zugewiesen werden.

Vergleich der Funktionalität von STEP–2DBS mit DXF. In den folgenden Absätzen wird die Funktionalität von STEP–2DBS mit der von DXF verglichen. Der Schwerpunkt der Darstellung liegt auf den Unterschieden beider Formate. Ausgangspunkt ist die Funktionalität von STEP–2DBS.

Um den Umfang der Darstellung nicht unnötig aufzublähen, wird der Vergleich auf der Ebene von CAD–Elementen wie Linie, Bemaßung und Gruppe durchgeführt. Ein detaillierter Vergleich auf Entityebene befindet sich in Anhang A.

Geometrie allgemein. STEP–2DBS ist ein reines 2D–Format. Es beschränkt sich auf die im Bauwesen hauptsächlich vorkommenden Elemente wie Punkte, Richtungen, Strecken, Kreise, Ellipsen und Segmente dieser Kurven. DXF bietet hier teilweise weniger (beispielsweise keine Richtung, keine Ellipse) und teilweise mehr (beispielsweise B–Spline, Dreieck, Viereck, Band). Dies gibt die branchenübergreifende Ausrichtung von DXF wieder.

Symbole. STEP–2DBS bietet die Möglichkeit, Symbole als Bibliothekselemente auszutauschen bzw. auf die Symbolbibliotheken des empfangenden CAD–Systems umzuschalten. Im DXF–Format werden Symbole als Blöcke aufgefasst. Dadurch lassen sich Gruppen nicht mehr von Symbolen unterscheiden. Die Möglichkeit, auf gemeinsame Symbolbibliotheken zurückzugreifen, ist dadurch versperrt.

DXF bietet mit dem Entity XREF die Möglichkeit, externe Blöcke anzusprechen, die nicht in dem Austauschfile übertragen werden.

Flächen. Bei STEP–2DBS besteht die Möglichkeit, geschlossene Linienzüge als Flächen zu definieren. Diese Flächen können Ausssparungen enthalten. Diese wichtige Funktion ist bei DXF nicht vorhanden. Derartige Flächen werden mit DXF als Polylinien übertragen, die geschlossen sind. Sie werden nicht als Flächen gekennzeichnet.

Schraffuren. Bei STEP–2DBS werden Schraffuren, wie in Abschnitt 3.2.5 beschrieben, als Flächenattribute übertragen. Bei DXF werden Schraffuren explizit als Vielzahl von Linien übertragen. Dadurch wird nicht nur der Austauschfile stark aufgebläht, auch die Assoziation zur zu schraffierenden Fläche geht verloren. Wird die Schnittfläche nach dem CAD–Datenaustausch verschoben, so bleibt die Schraffur, wo sie war.

Bemaßung Bei STEP–2DBS gibt es als Standardbemaßung die Längenbemaßung. Bei DXF gibt es sechs verschiedene Bemaßungstypen (Längenbemaßung, zwei verschiedene Winkelbemaßungen, Durchmesserbemaßung, Radiusbemaßung und Ordinatenbemaßung). Andere Bemaßungstypen wie die Längenbemaßung werden mit STEP–2DBS derzeit also als "Text und Grafik" übertragen. Im Bauwesen dominiert jedoch die Längenbemaßung.

Mit DXF können beliebige Maßbegrenzungssymbole als Blöcke definiert werden und als Blöcke ohne die spezielle Bedeutung des Maßbegrenzungssymbols verwendet werden.

Maßketten. STEP–2DBS bietet die Möglichkeit, mehrere Maßlinien, Maßhilfslinien, Maßzahlen und Maßbergrenzungen zu Maßketten zusammenzufassen. Derartige Maßketten sind im Bauwesen von herausragender Bedeutung (siehe z. B. Bild 3.15). Insbesondere im Hinblick auf die assoziative Schnittbemaßung (s. Bild 3.16) sind Maßketten von großer Bedeutung. Entsprechende Möglichkeiten fehlen bei DXF.

Mit AutoCAD können ebenfalls Maßketten definiert werden, sie können mit DXF jedoch nicht ausgetauscht werden.

Assoziative Bemassung. STEP–2DBS bietet die Möglichkeit, die Assoziation zwischen Bemaßung und Geometrie wie in Bild 3.16 dargestellt zu übertragen. AutoCAD verfügt zwar über eine assoziative Bemaßung, sie kann jedoch nicht mit DXF ausgetauscht werden.

Strukturierung der CAD–Daten. Bei STEP–2DBS gibt es, wie in Abschnitt 3.2.6 beschrieben, eine Fülle impliziter und expliziter Strukturierungsmöglichkeiten. Dies entspricht der Funktionalität der im Bauwesen eingesetzten CAD–Systeme, bei denen ja auch Layer, Symbole als Bibliothekselemente und Gruppen zur Strukturierung von CAD–Daten verwendet werden. Bei STEP–2DBS wurde also besonders viel Wert auf ein abgestuftes Repertoire von Möglichkeiten zur Strukturierung von CAD–Daten gelegt.

Bei DXF gibt es neben Layern nur Blöcke als explizite Strukturierungsmöglichkeiten. Hier bietet STEP–2DBS deutlich mehr. Auch bei den impliziten Strukturierungsmöglichkeiten bietet STEP–2DBS deutlich mehr als DXF, man denke nur an Maßketten, Schraffuren oder Textblöcke mit oder ohne Rand.

Sachdaten. Wie in Abschnitt 3.2.4 dargestellt, bietet STEP–2DBS die Möglichkeit, Sachdaten und deren Verknüpfung mit geometrischen oder grafischen Daten zu übertragen. Mit DXF ist dieses ebenfalls möglich. Die Interpretation ist durch DXF nicht festgelegt.

Falls der Leser an einem detaillierten Vergleich auf Entityebene interessiert ist, so findet er ihn in Anhang A.

3.3.3. Vergleich der Längen von Austauschfiles

Längenvergleich von Austauschfiles ohne Schraffuren. Für die
Länge von Austauschfiles sind Schraffuren von erheblicher Bedeutung. Deswegen wurde der Vergleich getrennt für Beispiele mit und ohne Schraffuren
durchgeführt. Die in Bild 3.24 genannten Beispiele enthalten also alle keine
Schraffuren. Das Beispiel MTU ist dabei ein einfacher, bemaßter Plan, bestehend aus Grundriß, Schnitt und perspektivischer Darstellung. Das Beispiel
TB3 ist ein einfacher Grundriss mit viel Bemaßung. Das Beispiel STAIR ist ein
Treppendetail. In der Spalte "Faktor" ist das Verhältnis der Filelängen des
betreffenden Formates zur STEP–2DBS–Filelänge angegeben.

Beispiel	STEP–2DBS	Faktor	DXF	Faktor	IGES	Faktor
MTU	71 KB	1.00	188 KB	2.65	473 KB	6.66
TB3	85 KB	1.00	118 KB	1.39	285 KB	3.35
STAIR	48 KB	1.00	69 KB	1.44	176 KB	3.67

Bild 3.24 Längenvergleich von Austauschfiles unterschiedlicher Formate

Wie man aus Bild 3.24 ablesen kann, ist STEP–2DBS durchweg das bei
weitem kompakteste Format. DXF ist um mindestens 40 bis 50 Prozent länger,
ganz zu schweigen von IGES, das mindestens um den Faktor 3 längere Austauschfiles als die von STEP–2DBS ergibt.

Längenvergleich eines Austauschfiles mit Schraffur. Das für den
Längenvergleich verwendete Beispiel ist eine vergleichsweise einfach beran-
dete Fläche mit einer strichpunktierten Schraffur. Die Berandung der Fläche
umfasst acht Linien und einen Kreisbogen.

Beispiel	STEP–2DBS	Faktor	DXF	Faktor	IGES	Faktor
SCHRAFF	2.4 KB	1.00	28.4 KB	11.83	6.4 KB	2.67

Bild 3.25 Längenvergleich von Austauschfiles unterschiedlicher Formate

Bild 3.25 zeigt anschaulich die drastische Verlängerung von Austauschfiles
bei der Verwendung von DXF, sobald Schraffuren übertragen werden. Der Effekt ergibt sich aus dem Sachverhalt, daß bei DXF die Schraffuren als einzelne
Linien übertragen werden.

4. Konvertierungen beim CAD–Datenaustausch

4.1. Wann treten welche Konvertierungen auf?

Jedes CAD–System erstellt und verarbeitet die CAD–Daten in seinem system-spezifischen internen Format, das speziell auf seine Funktionalität zugeschnitten ist. Diese Daten liegen in binärer Form vor. In dieser binären Form können sie vom Computer ohne weitere Umwandlungen direkt verarbeitet werden. Dieses Format ist also optimal auf das Leistungsspektrum des CAD–Systems und auf die Hardware des Computers abgestimmt.

Viele CAD–Systeme haben neben dem internen Format ein sogenanntes externes Format. In diesem externen Format werden die CAD–Daten als Klartext, zumeist im ASCII Format dargestellt. Beim Übergang vom internen Format in das externe Format sollte also im Idealfall kein Informationsverlust auftreten, es findet ja nur eine Umwandlung in Klartext statt. Dies ist leider nicht immer der Fall.

Wozu benötigen die CAD–Systeme dieses externe Format?

Viele Systeme sind auf den unterschiedlichsten Hardwareplattformen mit unterschiedlichen binären Darstellungen installiert. Will man innerhalb desselben CAD–Systems CAD–Daten zwischen unterschiedlichen Computertypen mit unterschiedlicher binärer Darstellung austauschen, so funktioniert das mit dem internen Format nicht. Man benötigt dafür ein Klartextformat, also das externe Format. AutoCAD hat beispielsweise DXF, RIBCON RIF und unicad uniascii als externes Format.

Für einen Datenaustausch zwischen unterschiedlichen CAD–Systemen ist es notwendig, die Daten von einem Format in das andere Format zu übersetzen. Spezielle Übersetzer für jeweils 2 CAD–Systeme würden zu einer großen Vielfalt von Übersetzern führen. Ein Büro mit vielen unterschiedlichen Austauschpartnern müßte eine Vielzahl von Übersetzern vorrätig haben.

Diese Vielzahl von Übersetzern kann mit einem standardisierten CAD–Austauschformat vermieden werden. Jedes CAD–System benötigt nur Übersetzer für dieses Format, da es über dieses Format mit jedem anderen CAD–System CAD–Daten austauschen kann. Unter dieser Zielsetzung wurde STEP–2DBS entwickelt.

Wir wollen uns nun nach diesen Vorbemerkungen die einzelnen Schritte beim CAD–Datenaustausch anhand Bild 4.1 ansehen und die dabei auftretenden Konvertierungen erörtern.

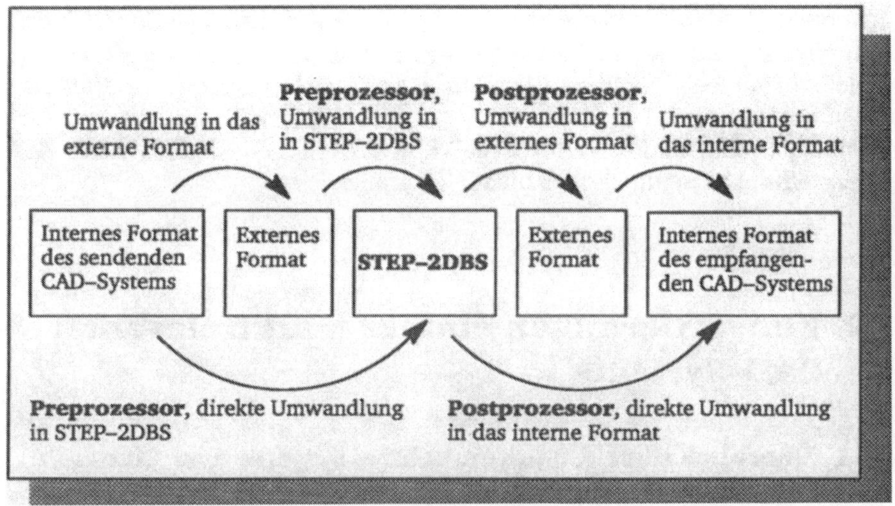

Bild 4.1 Umwandlungsschritte beim CAD–Datenaustausch

Bei den CAD–Systemen, die ein externes Format haben, erfolgt die Übersetzung in der Regel zweistufig über das externe Format. Systeme, die kein externes Format haben, übersetzen das interne Format direkt in STEP–2DBS.

Diese Unterschiede haben haben bereits einen Einfluß auf die Qualität des CAD–Datenaustausches. Übersetzer, die, wie in Bild 4.1 unten dargestellt ist, die internen Formate direkt in STEP–2DBS umwandeln, erzielen in der Regel eine bessere Qualität.

Von größerer Bedeutung sind jedoch die Unterschiede in den Funktionalitäten der beteiligten CAD–Systeme, die Funktionalität des Austauschformates und die Qualität der Übersetzer. Sie bestimmen, in welcher Form die Daten des sendenden CAD–Systems beim empfangenden CAD–System ankommen.

Wie bereits in den Kapiteln 1 und 2 erläutert wurde, treten dabei zwangsläufig Konvertierungen auf. Wenn beispielsweise das empfangende CAD–System in seinem Repertoire von geometrischen Elementen keine Ellipse hat, so muß sie beim Datenaustausch in ein Ersatzelement umgewandelt werden, das eine Ellipse genügend genau annähert.

Bei der Datenkonvertierung muß erkannt werden, welcher geometrische Zusammenhang mit einem Entity dargestellt wird. Wichtig ist die Möglichkeit zu erkennen, ob eine Linie zur Geometrie oder zu einer Maßkette gehört, oder ob sie z. B. ein Bindestrich in einem Text ist. Nur mit diesem Wissen kann die Linie in das entsprechende Entity des empfangenden CAD–Systems übertragen werden.

Geht der Zusammenhang von Entities verloren, ist die weitere Bearbeitung ausgesprochen schwierig. Sind z. B. die einzelnen Entities einer Maßkette nicht mehr als Einheit ansprechbar, so können sie im empfangenden CAD–System nicht mehr als Maßkette weiterbearbeitet werden. Will man sie ändern, so bleibt in der Regel nichts anderes übrig, als sie zu löschen und als Maßkette erneut aufzubauen.

Derartige Informationsverluste bei Konvertierungen sind je nach Aufgabenstellung akzeptabel oder nicht akzeptabel.

4.2. Konvertierungen einiger marktrelevanter CAD–Systeme

4.2.1. Überblick über die untersuchten Systeme und Elemente

In den folgenden Abschnitten werden die beim CAD–Datenaustausch mit STEP–2DBS auftretenden Konvertierungen geschildert. Die Erhebung erstreckt sich auf die folgenden CAD–Systeme:
- ALLPLAN bzw. ALLPLOT,
- RIBCON,
- AutoCAD und acadGraph–BITMAP, bzw. DXF und
- unicad.

Sie erhebt keinen Anspruch auf Vollständigkeit und stellt den Zustand der Untersuchungen im Juli 1992 dar. Weite Bereiche der Konvertierungen wie die der Bibliothekselemente wurden zunächst weggelassen. Diese Lücke in der Darstellung wird in Teil 2 des Leitfadens geschlossen.

Bei den Konvertierungen werden zunächst die der Preprozessoren und anschließend die der Postprozessoren untersucht. Die Konvertierungen werden in Schaubildern zusammengestellt. Die Schaubilder enthalten die Konvertierungen für die vier untersuchten Systeme. Die Konvertierungen werden in Stichworten angegeben. Eventuelle zusätzliche Erklärungen sind bei den betreffenden Bildern angeordnet. Diese Form der Darstellung wurde gewählt, um einen möglichst guten Überblick über die Konvertierungen zu gewinnen.

Teilweise waren die Konvertierungen zum Zeitpunkt der Schlußredaktion dieses Leitfadens noch nicht zuverlässig bekannt. In solchen Fällen wird in dem Schaubild ein Gedankenstrich "–" eingetragen. Er bedeutet also nicht, daß keine Konvertierung auftritt, sondern daß sie in Teil 2 des Leitfadens dargestellt werden.

4.2.2. Konvertierungen der Preprozessoren

Geometrie. In Bild 4.2 ist dargestellt, welche geometrischen Elemente der sendenden CAD–Systeme in welche geometrischen Elemente von STEP–2DBS konvertiert werden. Dabei ist folgende Besonderheit von STEP–2DBS bzw. STEP zu beachten.

ALLPLAN	DXF	RIBCON	unicad	STEP–2DBS
Unbegrenzte Geometrie (s. Kap. 3.2.3.2.)				
Kreis	Kreis	Kreis, Kreis als Textumrandung	Kreis	Kreis
Ellipse	–	–	Ellipse	Ellipse
Begrenzte Geometrie				
Linie	Linie	Linie und Linienabschnitt	Linie und Lücke	Linie (getrimmte Gerade)
Kreisbogen	Kreisbogen	Kreisabschnitt	Kreisbogen	Kreisbogen
Ellipsenbogen	–	–	Ellipsenbogen	Ellipsenbogen
Zusammengesetzte Geometrie				
Schraffurumrandung (erhält unsichtbarLinienattribut)	Band	–	–	Polygonzug
Segment, polygonale Textumrandung	Polylinie, über Maschen definierte Fläche	Kreisabschnitt, polygonale Textumrandung	Polygon, Lücken werden aufgehoben	Zusammengesetzte Kurve
Polygon	Fläche mit Solid oder 3DFlaech. Kennzeichnung für unsichtbare Kante bei 3DFlaech wird ignoriert	Fläche	–	Fläche

Bild 4.2 Konvertierungen der Geometrieelemente

In STEP–2DBS bzw. STEP wird die Geometrie zunächst in ihrer unbegrenzten Form beschrieben und anschließend durch einen einheitlichen Trimm–Mechanismus begrenzt (s. Abschnitt 3.2.3). Um einen Kreisbogen zu beschreiben, wird also zuerst der Vollkreis beschrieben und dieser Vollkreis anschließend durch Anfangs– und Endparameter begrenzt. Der Vollkreis ist also eine Hilfsgeometrie zur Erzeugung des Kreisbogens. Derartige Hilfsgeometrie wird in den folgenden Bildern nicht berücksichtigt. Ein Kreisbogen wird also in der Regel in einen Kreisbogen konvertiert und nicht in einen Kreis und einen Kreisbogen.

Bild 4.2 zeigt, daß die begrenzten und unbegrenzten Geometrielemente gut in STEP–2DBS übertragen werden können. Bei den zusammengesetzten Geometrieelementen gibt es jedoch von System zu System unterschiedliche Fähigkeiten, einfache geometrische Elemente zu komplexeren Einheiten zusammenzufügen. Insbesondere DXF bietet hier doch recht unterschiedliche Mechanismen. Dies ist sicherlich teilweise auf den branchenübergreifenden Charakter von AutoCAD zurückzuführen.

Eine weitere Besonderheit von STEP und STEP–2DBS ist, daß Linienattribute nicht abschnittsweise Linien zugeordnet werden können. Unsichtbare Teilstücke von Linien oder Lücken müssen also in eigene Linien konvertiert werden, denen das grafische Attribut ”unsichtbar” zugeordnet ist.

Annotation. Wie aus Bild 4.3 hervorgeht, sind die in STEP–2DBS zur Übertragung von Text vorgesehenen Möglichkeiten gut in den untersuchten CAD–Systemen darstellbar.

ALLPLAN	DXF	RIBCON	unicad	STEP–2DBS
Text				
Einzeiliger Text	Einzeiliger Text, Attributwerte eines Blocks	Einzeiliger Text	Einzeiliger Text	Einzeiliger Text
Textblock	–	Textblock	–	Textblock
Textattribute	Textattribute, soweit übertragbar	Buchstabenhöhe, –breite, –neigung und –orientierung	Textattribute	Textattribute
Text–, Textblockeinfügung	Texteinfügung, Einfügung der Attributwerte eines Blocks	Textposition und –winkel	Texteinfügung	Text Instance– Mechnismus

Bild 4.3 Konvertierungen von Text

Die Probleme bei der Übertragung von Text liegen auch an anderen Stellen. Häufig verfügen sendendes und empfangendes CAD–System nicht über denselben Textfont, und dann ergeben sich die in Abschnitt 3.2.5 geschilderten Überschreibungen. Sie lassen sich nur durch Absprachen über zu verwendende Textfonts entsprechend Abschnitt 7.2.2 lösen.

ALLPLAN	DXF	RIBCON	unicad	STEP–2DBS
Bemaßung ohne Assoziativität				
normale Maßlinien	s. Gruppe	Bemaßung	Bemaßung	Maßkette

Bild 4.4 Konvertierungen von Bemaßung Maßketten

Bemaßung wird mit Ausnahme von DXF als Bemaßung in STEP–2DBS übertragen. Wie in Anhang A.4.2. beschrieben ist, verwendet DXF eine funktionale Bemaßung, bei der die Elemente einer Bemaßung, also Maßlinien, Maßhilfslinien, Maßbegrenzungen und Maßzahlen nicht explizit dargestellt sind. Bemaßung wird beim CAD–Datenaustausch über DXF zu Linien und Text.

ALLPLAN	DXF	RIBCON	unicad	STEP–2DBS
Assoziative Punktbemaßung				
Assoziative Punktbemaßung entspr. Referenzpunktbem.	geht verloren	Assoziative Punktbemaßung	–	assoziative Punktbemaßung

Bild 4.5 Konvertierungen der assoziativen Punktbemaßung

Eine assoziative Bemaßung ist ein relativ komplexes CAD–Element, und es ist nicht allzu überraschend, daß hier teilweise Informationsverluste auftreten. Die Konvertierungen der assoziativen Schnittbemaßung werden in Teil 2 des Leitfadens geschildert.

Strukturelemente. Die beiden Strukturelemente Layer und Gruppe werden gut und sinngemäß übertragen. Dies gilt insbesondere für Layer. Die gute

Verfügbarkeit von Layern in den CAD–Systemen ist ja eine Grundvoraussetzung für eine Layerempfehlung.

ALLPLAN	DXF	RIBCON	unicad	STEP–2DBS
Gruppe, Layer				
Makro	Block, Bemaßungsblock, Schraffur	montierte Folie	Zelle, alle Entities aus dem Modul Zeichnungsdaten werden eine Gruppe	Gruppe
aktives Teilbild	Layer	nicht montierte Folie	Ebene	Layer
Instance Mechanismus				
Makroverlegung	Einfügung Block	Folienmontage	Zellinstanz	für Gruppe

Bild 4.6 Konvertierungen der Strukturelemente

4.2.3. Konvertierungen der Postprozessoren

Geometrie. In Bild 4.7 sind die Konvertierungen für begrenzte und unbegrenzte Geometrieelemente dargestellt. Dabei hat man sich auf die Geometrieelemente beschränkt, die am Bildschirm oder auf dem ausgeplotteten Plan sichtbar sind. Hilfsgeometrie wie Punkt, als Anfangs– und Endpunkte von Linien, Richtung, Gerade wurden nicht gesondert betrachtet. Sie werden zur Beschreibung des letztendlich zu erzeugenden geometrischen Elementes, z. B. eines Kreisbogens, als Bestimmungsstücke verwendet. Darüber hinaus haben sie jedoch keine eigenständige Bedeutung.

Die noch fehlenden geometrischen Elemente, z. B. der Punkt als eigenständiges Element, wird in Teil 2 des Leitfadens erörtert. Auch dieser Punkt wird jedoch erst sichtbar, wenn er durch ein Symbol markiert wird.

Wie aus Bild 4.7 hervorgeht, werden alle Geometrieelemente übernommen; keines wird übergangen. Je komplexer das Element ist, um so häufiger wird es in ein einfacheres Element konvertiert, wie am Beispiel des Ellipsenbogens leicht erkennbar ist. Auf dem Bildschirm oder der Zeichnung sehen die konvertierten Elemente jedoch wie die entsprechenden komplexeren Elemente von STEP–2DBS aus.

STEP–2DBS	ALLPLAN	DXF	RIBCON	unicad
Unbegrenzte Geometrie (s. Kap. 3.2.3.)				
Kreis	Kreis	Kreis	Kreis	Polygon
Ellipse	Ellipse	Polylinie	Ellipse	Polygon
Begrenzte Geometrie				
Linie	Linie	Linie	Linie	Polygon
Kreisbogen	Kreisbogen	Kreisbogen	Kreisbogen	Polygon
Ellipsenbogen	Ellipsenbogen	Polylinie	Ellipsenbogen	Polygon
Zusammengesetzte Geometrie				
Polygonzug	Polygonzug	Polylinie	entspr. Anzahl von Linien	Polygon
Zusammengesetzte Kurve	Segment	Polylinie	entsprechende Anzahl entsprechender Elemente	1 Polygon je Layer, auf dem zugehörige Elemente liegen
Fläche	Polygonzug falls keine Schraffur, sonst Polygondefinition und Schraffur	Geschlossene Polylinie	Fläche	Geschlossenes Polygon

Bild 4.7 Konvertierungen der Geometrieelemente

Annotation. Die Konvertierungen für Annotation wird in drei Bildern dargestellt. In Bild 4.8 sind die Konvertierungen der grafischen Elemente des Textes und der Schraffur dargestellt. Wegen ihrer Bedeutung und Komplexität werden die Konvertiertungen für Bemaßung gesondert in zwei Bildern dargestellt, in Bild 4.9 für die einzelnen Grundbestandteile einer Bemaßung und in Bild 4.10 für die Assoziativität.

Bei den Konvertierungen der grafischern Elemente in Bild 4.8 fällt auf, daß sie durchweg in entsprechende geometrische Elemente umgesetzt werden. Dabei gelten die in Bild 4.7 angegebenen Konvertierungen. Dies bedeutet keinen Informationsverlust, sondern verdeutlicht den Sachverhalt, daß viele der im Bauwesen eingesetzten CAD–Systeme keinen Unterschied zwischen "Geometrie" und "Annotation" machen. Bei CAD–Systemen für andere Branchen ist dies anders. Auch bei STEP wird grundsätzlich zwischen "Annotation" und "Geometrie" unterschieden.

STEP–2DBS	ALLPLAN	DXF	RIBCON	unicad
Grafische Elemente (s. Abschnitt 3.2.5)				
"ANN–Elem."	entsprechendes Geometrieentity bzw. Bemaßungsentity	entsprechendes Geometrieentity bzw. Bemaßungsentity	entsprechendes Geometrieentity bzw. Bemaßungsentity	entsprechendes Geometrieentity bzw. Bemaßungsentity
Text				
Einzeil. Text	Einzeiliger Text	Einzeiliger Text	Einzeiliger Text	Einzeiliger Text
Textblock	Textblock. Entsprechen Zeilenabstand und Einrückmaß nicht den Konventionen von ALLPLAN, wird ein Segment mit mehreren einzeiligen Texten gebildet.	Es werden so viele einzeilige Texte gebildet, wie der Textblock Zeilen enthält.	Textblock	Es werden so viele einzeilige Texte gebildet, wie der Textblock Zeilen enthält.
Textattribute	Werden übernommen	Werden übernommen	Buchstaben höhe, –breite und –neigung werden übernommen. Bei der Textorientierung wird nur nach rechts bzw. nach unten übernommen. Buchstabenabstand wird nicht übernommen.	Werden übernommen
Text Instance-Mechnismus	Wird übernommen	Wird zeilenweise übernommen	Wird übernommen	Wird übernommen
Schraffur				
"Fill area"	Polygonzug mit Schraffur	Schraffur wird in Einzellinien aufgelöst (s. Abschnitt 3.3.2)	–	Geschlossenes Polygon mit Schraffur

Bild 4.8 Konvertierungen der grafischen Elemente, des Textes und der Schraffur

STEP–2DBS	ALLPLAN	DXF	RIBCON	unicad
Bemaßung ohne Assoziativität				
Maßlinie	Geometrie-element eines Bemaßungs-segmentes	Entsprechendes Geometrie-element	Maßlinie	Polygon, das als Bemaßung gekennzeich-net ist.
Maßhilfslinie	Geometrie-element eines Bemaßung-segmentes.	Entsprechendes Geometrie-element	Maßhilfslinie	Polygon, das als Bemaßung gekennzeich-net ist.
Maßtext	Text eines Be-maßungsseg-mentes. Von der zu einer assozi-ativenPunktbe-maßung gehö-rigen Maßzahl werden die Attribute über-nommen. Die Maßzahl wird neu ermittelt.	Text	Maßtext	Text, das als Bemaßung gekenn-zeichnet ist.
Maßbegren-zung	Geometrie-elemente eines Bemaßungsseg-mentes. Aus En-tities einer asso-ziativen Punkt-bemaßung wird möglichst ein ALLPLAN–Maß-begrenzungs-symbol.	Maßbegren-zungssymbol als Block	–	Zelle
Maßkette	Bemaßungsseg-ment. Aus Enti-ties einer assoziativen Punktbemaßung wird möglichst eine Referenz-punktbemaßung.	geht verloren	Bemaßungs-block	Einzelne Bemaßungs-entities

Bild 4.9 Konvertierungen der Elemente einer Bemaßung

Bild 4.9 zeigt, daß drei der vier untersuchten Systeme eine Bemaßung von STEP–2DBS korrekt als Bemaßung übernehmen. Lediglich bei der

Übertragung in DXF werden aus einer Bemaßung Text und Linien. Die Bedeutung und Funktionalität als Bemaßung geht dabei verloren. Dies ergibt sich, wie bereits in Abschnitt 4.2.2 beschrieben wurde, aus der speziellen Darstellung der Bemaßung in DXF in Form einer funktionalen Bemaßung (s. auch Anhang A.4.2)

Die Assoziativität der Bemaßung geht in den meisten Fällen beim Übergang von STEP–2DBS in das empfangende CAD–System, wie in Bild 4.10 dargestellt ist, verloren.

STEP–2DBS	ALLPLAN	DXF	RIBCON	unicad
Assoziativität der Bemaßung				
assoziative Schnittbemaßung	Bemaßungssegment	Assoziativität geht verloren	Assoziativität geht verloren	Assoziativität geht verloren
assoziative Punktbemaßung	Falls möglich wird eine Referenzpunktbemaßung erzeugt, sonst ein Bemaßungssegment.	Assoziativität geht verloren	Bemaßungsblock	Assoziativität geht verloren

Bild 4.10 Konvertierungen der Assoziativitäten der Bemaßung

Strukturelemente. Wie schon bei den Preprozessoren, so werden auch bei den Postprozessoren die Strukturelemente Gruppe und Layer in entsprechende Elemente des empfangenden CAD–Systems konvertiert. Hier bieten die untersuchten CAD–Systeme gut vergleichbare Funktionalitäten.

Bei den Instance–Mechanismen treten vergleichsweise größere Unterschiede auf, sei es, daß Kopien der zu plazierenden Elemente erzeugt werden, sei es, daß Skalierungen in beiden Richtungen gleich sein müssen (sx = sy). Diese Einschränkungen sind im Planungsalltag jedoch ohne größere Auswirkungen.

STEP–2DBS	ALLPLAN	DXF	RIBCON	unicad
Gruppe, Layer, Symbol				
Gruppe	Makro	Block	Folie	Zelle
Layer	Teilbild	Layer	Folie	Ebene
Symbol	wird nicht übertragen	Block	–	Zelle
Instance Mechanismus				
für Gruppe	Makroverlegung	Einfügung eines Blocks	Folienmontage	Zellreferenz mit Transformationsmatrix (stets sx = sy)
für Symbol	wird nicht übertragen	Einfügung eines Blocks	–	Zellreferenz mit Transformationsmatrix (stets sx = sy)

Bild 4.11 Konvertierungen der Strukturelemente

5. Allgemeine DV– und organisatorische Voraussetzungen für den erfolgreichen CAD–Datenaustausch

5.1. Computertypen (PCs und Workstations)

In der CAD–Anwendung haben sich zwei Computertypen, der **PC (Personal Computer)** und die **Workstation** durchgesetzt. Als Anfang der achtziger Jahre die Workstation auf den Computermarkt kam, war das Leistungsspektrum von PCs und Workstations noch recht unterschiedlich. In der Zwischenzeit hat sich das Leistungsspektrum beider Anlagentypen stark aufgefächert. Es gibt heute außerordentlich leistungsstarke PCs, und bei den Workstations versucht man, in den lukrativen Massenmarkt der PCs durch preisgünstige Angebote einzudringen. Es gibt also einen großen Bereich, wo sich das Leistungsspektrum beider Rechnertypen überlappt.

Auch rein äußerlich sehen beide Geräte ähnlich aus. Die Unterschiede zwischen leistungsfähigen PCs und preisgünstigen Workstations sind also in den letzten Jahren zunehmend verschwunden. Man könnte fast von einer Familie von Arbeitsplatzrechnern sprechen.

Es gibt dennoch einige bemerkenswerte Unterschiede zwischen PCs und Workstations. Sie sollen in den nun folgenden Absätzen geschildert werden. Dabei soll bei den PCs nur die Familie der IBM–kompatiblen Rechner betrachtet werden.

IBM–PC kompatible PCs
- verwenden einheitlich Mikroprozessoren der aufwärtskompatiblen Familie INTEL 80X86 und
- das Standardbetriebssystem MS–DOS bzw. PC–DOS, die IBM–Version von MS–DOS. Nur in vergleichsweise seltenen Fällen werden sie mit OS/2 oder

mit einer Variante des Betriebssystems UNIX betrieben (s. dazu Abschnitt 5.2 Betriebssysteme).
– Die Programme sind lademodulkompatibel, d. h. ein auf einem derartigen PC ablauffähiges Programm ist auf jedem IBM–kompatiblen PC ohne Modifikationen ablauffähig.
– Sie sind ”von Haus aus” nicht für Hochleistungsgrafik ausgelegt. Zum Einsatz im CAD müssen sie mit einer Grafikkarte aufgerüstet werden.
– Sie sind ”von Haus aus” nicht netzwerkfähig. Zum Einsatz in einem Netz müssen sie mit einer Netzwerkkarte aufgerüstet werden.

Workstations
– verwenden   unterschiedliche   Mikroprozessoren   unterschiedlicher Familien und Hersteller und
– als Standardbetriebssystem eine von Hersteller zu Hersteller leicht unterschiedliche Variante von UNIX.
– Die Programme sind wegen der unterschiedlichen verwendeten Mikroprozessoren in der Regel nicht lademodulkompatibel, d. h. ein auf einer Workstation ablauffähiges Programm ist in der Regel auf der Workstation eines anderen Herstellers nicht ablauffähig.
– Sie sind ”von Haus aus” für Hochleistungsgrafik ausgelegt.
– Sie sind ”von Haus aus” netzwerkfähig.

Für den CAD–Datenaustausch ist ein Punkt von großer Bedeutung, der in der oben angegebenen Aufzählung nicht auftaucht. Das bei IBM–PC kompatiblen Rechnern übliche Betriebssystem MS–DOS bzw. PC–DOS ist, wie es der Namensbestandteil **DOS** (**D**isk **O**perating **S**ystem) andeutet, auf Magnetplatten ausgelegt. Standarddatenträger sind Magnetplatten, seien es die Festplatten oder Disketten. Der Anschluss von Magnetbandgeräten, seien es sogenannte industriekompatible Magnetbandgeräte oder sogenannte Cartridge–Magnetbandgeräte, wird vom Betriebssystem MS–DOS bzw. PC–DOS nicht unterstützt. Es gibt dafür keine Systemkommandos.

Die wenigsten Hersteller IBM–kompatibler PCs bieten deswegen Magnetbandgeräte an. Wenn überhaupt ein Magnetbandgerät angeboten wird, dann ist es ein Cartridge–Magnetbandgerät. Zusammen mit dem Gerät wird auch das Programm geliefert, das das Magnetbandgerät steuert. Dieses Programm ist dann als externes Programm unter dem Betriebssystem MS–DOS bzw. PC–DOS einsatzfähig.

Der Markt für diese Cartridge–Magnetbandgeräte inklusive Software wird von sogenannten Drittanbietern, in der Regel kleineren Firmen beherrscht. Hiervon gibt es eine unübersichtliche Vielzahl. Selbst die großen Anbieter von PCs beziehen ihre Cartridge–Magnetbandgeräte vielfach von diesen Anbietern.

Wegen dieser Sachlage werden Cartridge–Magnetbandgeräte vergleichsweise selten in Verbindung mit PCs eingesetzt. Wenn überhaupt, so werden sie zur Datensicherung, zum sogenannten Backup verwendet. Da hierbei die

Daten von demselben Computersystem gelesen und geschrieben werden, spielen die Gesichtspunkte der Kompatibiltät der Aufzeichnungsformate eine untergeordnetet Rolle. Es existieren auch so gut wie keine Erfahrungen beim CAD–Datenaustausch mit Cartridge–Magnetbändern in Verbindung mit IBM–kompatiblen PCs.

Anders sieht es bei den Workstations aus. Das Betriebssystem UNIX unterstützt Magnetbandgeräte durch geeignete Systemkommandos, und so hat sich das Cartridge–Magnetband fest als Datenträger bei Workstations etabliert. Dies ist ein großer Vorteil für den CAD–Datenaustausch, da auf Cartridge–Magnetbändern ein Vielfaches der auf Disketten übertragbaren CAD–Daten ausgetauscht werden kann.

5.2. Betriebssysteme

Wie bereits im vorangegangenen Abschnitt geschildert wurde, haben sich in der Anwendung des CAD die beiden Betriebssysteme MS–DOS bzw. PC–DOS und UNIX durchgesetzt. Da MS–DOS und PC–DOS fast identisch sind, die vorhandenen Unterschiede spielen beim CAD–Datenaustausch keine Rolle, sollen künftig beide Betriebssysteme mit DOS bezeichnet werden. Dies entspricht auch der üblichen Terminologie.

In den folgenden Absätzen sollen nun einige charakteristische Merkmale beider Betriebssysteme geschildert werden und daran anschließend für den CAD–Datenaustausch bedeutsame Besonderheiten.

DOS
- ist ein auf einen Benutzer (single user) und
- die Ausführung eines Programmes (single tasking) zugeschnittenes Betriebssystem. Es können also nicht gleichzeitig mehrere Programme (mit Ausnahme des Spools , beispielsweise zum Drucken) ausgeführt werden.
- Es ist auf eine Prozessorfamilie (INTEL 80X86) und
- die Speicherung von Daten und Programmen auf Magnetplatten zugeschnitten. Magnetbandgeräte werden nicht durch Systembefehle unterstützt.
- Es können nur Programme bis zu eine Länge von 640 KB ausgeführt werden.

Viele dieser Begrenzungen können mit Zusatzprogrammen zu DOS umgangen werden. Mit dem Zusatzprogramm MS–WINDOWS können mehrere Programme gleichzeitig ausgeführt werden (multi tasking), die Begrenzung der Programmlänge auf 640 KB wird hinfällig, und der Umgang mit dem Computer wird insgesamt wesentlich einfacher. Mit sogenannten Extendern können ebenfalls annähernd beliebig lange Programme auf leistungsfähigen

PCs unter DOS ausgeführt werden. Viele CAD–Programme sind überhaupt erst mit diesen Extendern unter DOS sinnvoll einsatzfähig.

UNIX
- ist ein auf mehrere Benutzer (multi user) und
- die gleichzeitige Ausführung mehrerer Programme (multi tasking) zugeschnittenes Betriebssystem.
- Es ist auf mehreren Prozessorfamilien verfügbar und
- unterstützt die Speicherung von Daten und Programmen auf Magnetplatten und Magnetbändern durch geeignete Systembefehle.
- Beliebig lange Programme können ausgeführt werden.

UNIX ist ein recht kompliziertes Betriebssystem mit vielen Kommandos. Aus diesem Grund wurden auch zu UNIX Zusatzprogramme bzw. Bedieneroberflächen wie z. B. OSF–MOTIF entwickelt, die den Umgang mit UNIX drastisch vereinfachten. Dies ist eine der Grundvoraussetzungen, um mit preisgünstigen Workstations in den PC–Markt einzudringen.

Einer der Hauptvorteile von UNIX ist seine Verfügbarkeit auf den unterschiedlichsten Computern. Es entstand so eine Familie untereinander weitgehend kompatibler Betriebssysteme auf der Grundlage von UNIX. Jeder Computerhersteller hat dabei seine UNIX–Variante unterschiedlich benannt. Einen Eindruck von dieser unterschiedlichen Namensgebung vermittelt Bild 5.2. Selbst für IBM–PC kompatible Computer gibt es Versionen von UNIX.

Wir wollen nun einige Besonderheiten beider Betriebssysteme untersuchen, die für den CAD–Datenaustausch von Bedeutung sind.
- Bei der Bezeichnung von Files unterscheidet UNIX zwischen Groß– und Kleinschreibung, DOS dagegen nicht. *File* und *FILE* sind also für UNIX unterschiedliche Filenamen, für DOS dagegen nicht.
- Bei UNIX sind 14stellige Namen zur Bezeichnung von Files zulässig, bei DOS achtstellige Namen und eine dreistellige Erweiterung (Extension) die vom Namen durch einen Punkt getrennt ist.
- Bei DOS wird das Ende einer Zeile durch die Zeichenfolge CR LF (Wagenrücklauf Zeilenvorschub bzw. Carriage–Return Line–Feed) gekennzeichnet, bei UNIX nur durch LF.
- Bei DOS wird das Ende eines Files durch das Sonderzeichen Control Z angezeigt. Bei UNIX gibt es kein spezielles Zeichen, das das Ende eines Files anzeigt.

Die unterschiedlichen Konventionen der beiden Betriebssysteme DOS und UNIX führen zu bestimmten Regeln, die beim CAD–Datenaustausch zu beachten sind. Diese Regeln sind in Bild 5.1 zusammengestellt.

Da ein STEP–2DBS–File ein Klartextfile im ASCII–Format ist, werden die Besonderheiten und Restriktionen beim Austausch von Binärfiles hier nicht untersucht.

An dieser Stelle ist es zweckmäßig, eine weitere beim CAD–Datenaustausch zu berücksichtigende Besonderheit zu beschreiben. Die Codierung des

Zeichensatzes zum Darstellen von Buchstaben, Ziffern und Sonderzeichen erfolgt in der Regel nach dem ASCII (American Standard Code for Information Interchange)–Standard. Dieser Standard ist weitgehend starr auf einen Zeichensatz festgelegt, erlaubt jedoch auch länderspezifische Varianten, um z. B. in Deutschland die Umlaute darstellen zu können.

Von DOS nach DOS

– Es sind keine besonderen Regeln einzuhalten. Beim Austausch zwischen DOS–WINDOWS und DOS kann es zu Problemen kommen, wenn DOS und DOS–WINDOWS nicht denselben Zeichensatz verwenden.

Von UNIX nach UNIX

– Es sind keine besonderen Regeln einzuhalten.

Von DOS nach UNIX

– Die Filenamen sind so zu wählen, daß die Konventionen beider Betriebssysteme eingehalten werden.
– Die unterschiedlichen Zeichen zur Kennzeichnung des Zeilen- und Fileendes müssen umgesetzt werden. Dies erfolgt in der Regel auf dem UNIX–System. Vor dem Einlesen in das UNIX–Filesystem wird der DOS–File so konvertiert, daß er den UNIX–Konventionen entspricht.

Von UNIX nach DOS

– Die Filenamen sind so zu wählen, daß die Konventionen beider Betriebssystemen eingehalten werden.
– Die unterschiedlichen Zeichen zur Kennzeichnung des Zeilen- und Fileendes müssen umgesetzt werden. Dies erfolgt in der Regel auf dem UNIX–System. Vor dem Versand wird der Austauschfile so konvertiert, daß er den DOS–Konventionen entspricht.

Bild 5.1 Regeln für den CAD–Datenaustausch zwischen DOS und UNIX

Dieser Zeichensatz wird in der Regel beim Hochfahren des Betriebssystems geladen. Häufig umgehen die Anwendungsprogramme den vom Betriebssystem geladenen Zeichensatz und verwenden einen auf die speziellen Belange der Anwendung zugeschnittenen Zeichensatz. In der Regel ist dies eine spezielle Variante des ASCII–Zeichensatzes.

Verwenden Sender und Empfänger beim CAD–Datenaustausch nicht dieselbe Variante des ASCII–Zeichensatzes, so können sich Probleme ergeben. Aus einem ä kann dann ein {, aus einem ß eine ~ werden. Sender und Empfänger sollten also dieselbe Variante des ASCII–Zeichensatzes verwenden.

Übertragungsfehler infolge unterschiedlicher Zeichensätze ergeben sich fast ausschließlich bei der Verwendung von Umlauten und beim ß. Wollen beide Austauschpartner also "auf Nummer Sicher gehen", so sollten sie diese Buchstaben vermeiden.

5.3. Datenträger

5.3.1. Überblick über die untersuchten Computer und Betriebssysteme

In den folgenden Abschnitten wird untersucht, welches DV–System mit welchem anderen DV–System mit welchen Datenträgern einen CAD–Datenaustausch durchführen kann. Die dabei berücksichtigten Computer und Betriebssysteme sind in Bild 5.2 dargestellt. Diese Aufstellung erhebt nicht den Anspruch auf Vollständigkeit, deckt jedoch einen großen Teil der beim CAD im Bauwesen eingesetzten DV–Systeme ab.

In den folgenden fünf Abschnitten sind die Möglichkeiten eines CAD–Datenaustausches getrennt für die wichtigsten Datenträger beschrieben. Über dieses Thema gibt es so gut wie keine Literatur. Alle Angaben mußten also recherchiert werden.

Die beschriebenen Möglichkeiten basieren teilweise auf eigenen Erfahrungen, teilweise auf Angaben der Hersteller. Diese Angaben wurden stets in Gesprächen mit Vertretern der Hersteller abgesichert. Dennoch kann keine Gewähr für die Richtigkeit der Angaben übernommen werden. Im Zweifelsfall müssen sich die Austauschpartner selbst davon überzeugen, ob ein CAD–Datenaustausch möglich ist oder nicht.

Die Angaben entsprechen dem Zeitpunkt April 1992. Die DV–Industrie ist außerordentlich innovationsfreudig. Änderungen sind also relativ kurzfristig möglich.

Um die Übersichtlichkeit zu erhöhen, wurden die Austauschmöglichkeiten für die verschiedenen Datenträger in Form von Diagrammen aufbereitet. Sie geben schematisch Auskunft, ob ein CAD–Datenaustausch zwischen zwei DV–Systemen mit einem bestimmten Datenträger möglich ist oder nicht. Sind dabei bestimmte Randbedingungen zu beachten, so sind sie im Text zum jeweiligen Diagramm beschrieben.

Rechner	Betriebssystem	Bemerkungen
IBM PS/2	PC–DOS	
IBM PS/2	AIX	Basiert auf UNIX
IBM PC Kompat.	MS–DOS	
IBM PC Kompat.	UNIX	Hier gibt es mehere Alternativen
IBM 6000	AIX	Basiert auf UNIX
Apple	System 7	
Apple	AUX	Basiert auf UNIX
HP 9000	UX	Basiert auf UNIX
HP/Apollo	Domain OS	An UNIX orientierte Eigenentw.
SUN Sparc	OS	Basiert auf UNIX
Silicon Graphics	IRIX	Basiert auf UNIX
Silicon Graphics	IRIX mit SoftPC	Basiert auf UNIX u. DOS Emulation
DEC	ULTRIX	Basiert auf UNIX
DEC	MS–DOS	

Bild 5.2 Überblick über die untersuchten DV–Systeme

5.3.2. 3 1/2 Zoll Diskette

Die 3 1/2 Zoll Diskette ist derzeit der am weitesten verbreitetete Datenträger zum Austausch von CAD–Daten zwischen unterschiedlichen CAD–Systemen. Dies liegt daran, daß er von fast allen "CAD–Computern" gelesen werden kann und ein relativ preisgünstiger und stabiler Datenträger ist. Wegen seiner großen Bedeutung für den CAD–Datenaustausch soll er etwas genauer untersucht werden. Bild 5.3 zeigt eine 3 1/2 Zoll Diskette.

Hinter einer vergleichsweise harten, stabilen Plastikhülle befindet sich der eigentliche Datenträger, ein Magnetscheibe. Diese Magnetscheibe wird doppelseitig beschrieben. Ein Verschluß schützt die Magnetscheibe. Dieser Verschluß wird zur Seite geschoben, wenn die Diskette in das Laufwerk geschoben wird.

Mit Hilfe der in Bild 5.3 links unten dargestellten Öffnung kann die Diskette vor einem unbeabsichtigten Beschreiben geschützt werden. Nur wenn diese Öffnung durch einen Schieber geschlossen ist, kann die Diskette beschrieben werden.

Die 3 1/2 Zoll Diskette gibt es in zwei Ausführungen, mit einer Kapazität von 720 KB und 1,44 MB. Bild 5.4 beschreibt die charakteristischen Unterschiede der Disketten für die beiden unterschiedlichen Kapazitäten.

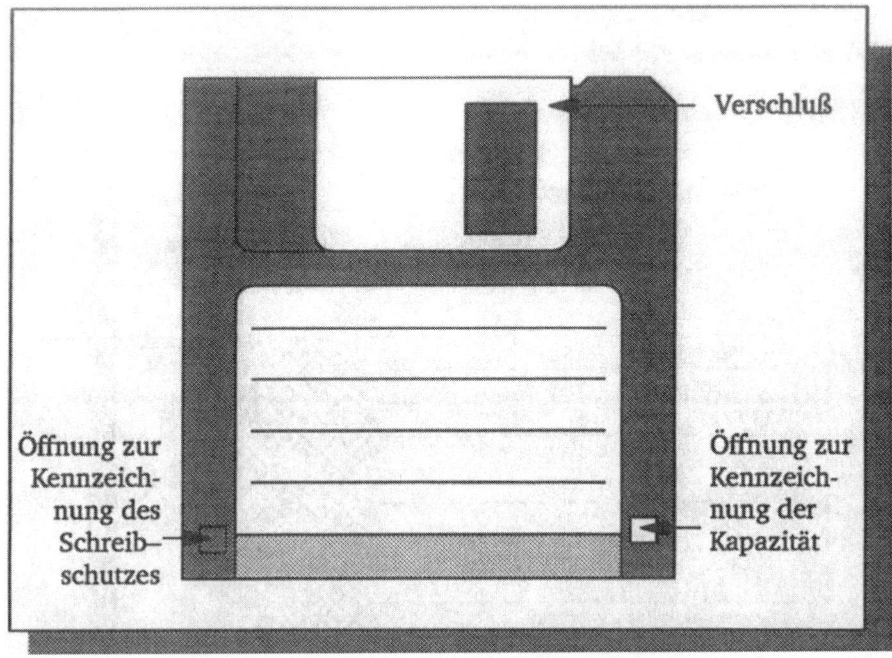

Bild 5.3 3 1/2 Zoll Diskette im Maßstab 1:1

Eigenschaft	720 KB	1,44 MB
Sektoren	9	18
Spuren je Sektor	80	80
Byte je Spur	512	512
Kennzeichnung	DD	HD

Bild 5.4 Eigenschaften von 3 1/2 Zoll Disketten

Bei den Disketten fehlt teilweise die in Bild 5.4 angegebene Kennzeichnung der Kapazität (DD bzw. HD). In den meisten Fällen kann dann anhand der in Bild 5.3 rechts unten dargestellten Öffnung die Kapazität bestimmt werden. Ist diese Öffnung vorhanden, so handelt es sich um eine 1,44 MB Diskette.

Der Diskettenstandard ensprechend Bild 5.4 wurde von IBM gesetzt und hat sich inzwischen durchgesetzt. Andere Anbieter unterstützen teilweise noch andere Diskettenformate. Soweit dies für den CAD–Datenaustausch unter den betrachteten Randbedingungen von Interesse ist, werden diese Abweichungen im Anschluss an Bild 5.5 genannt.

Bild 5.5 gibt einen Überblick über die Austauschmöglichkeiten mit der 3 1/2 Zoll Diskette. Jedes der betrachteten Systeme unterstützt also die 3 1/2 Zoll Diskette.

Rechner	Betriebs–system	Medium
IBM PS/2	PC–DOS	
IBM PS/2	AIX	
IBM Komp.	MS–DOS	
IBM Komp.	UNIX	
IBM 6000	AIX	
Apple	System 7	
Apple	AUX	
HP 9000	UX	
HP/Apollo	Dom. OS	
SUN (Sparc)	OS	
Silicon Graph.	IRIX	
Silicon Graph.	IRIX–SPC	
DEC	ULTRIX	
DEC	MS–DOS	

Zeitpunkt der Erhebung: April 1992

Bild 5.5 Datenträgeraustausch mit 3 1/2 Zoll Disketten

Einschränkungen:
- **Apple:** Erst mit Einführung des Apple Macintosh IIx und ab Apple OS 6.0. Andere Apple Computer benötigen außerdem noch den SWIM Diskettenkontroller. Unter Apple AUX können die Disketten erst mit der Version 1.1 gelesen und geschrieben werden.
  Apple verfügte schon sehr früh über 3 1/2 Zoll Diskettenlaufwerke. Damit konnte man damals nur von Apple zu Apple eine Datenübertragung durchführen.
- **HP/Apollo:** erst ab Domain OS 10.1
- **SUN:** ab SUN OS 4.1
- **Alle:** Ältere Geräte können häufig nur 720 KB lesen und schreiben.

5.3.3. 5 1/4 Zoll Diskette

Die 5 1/4 Zoll Diskette wird heute zunehmend durch die 3 1/2 Diskette verdrängt. Sie ist wesentlich empfindlicher gegen Schmutz und mechanische

Beanspruchung als die 3 1/2 Zoll Diskette. Sie wird wegen ihrer abnehmenden Bedeutung nicht so ausführlich erörtert wie die 3 1/2 Zoll Diskette.

Bei der 5 1/4 Zoll Diskette sind heute noch die beiden in Bild 5.6 angegebenen Ausführungen mit unterschiedlichen Schreibdichten üblich. Die Disketten werden dabei stets beidseitig beschrieben.

Eigenschaft	360 KB	1,22 MB
Sektoren	9	15
Spuren je Sektor	40	80
Byte je Spur	512	512
Kennzeichnung	DD	HD

Bild 5.6 Eigenschaften üblicher 5 1/4 Zoll Disketten

Rechner	Betriebssystem	Medium
IBM PS/2	PC–DOS	
IBM PS/2	AIX	
IBM Komp.	MS–DOS	
IBM Komp.	UNIX	
IBM 6000	AIX	
Apple	System 7	
Apple	AUX	
HP 9000	UX	
HP/Apollo	Dom. OS	
SUN (Sparc)	OS	
Silicon Graph.	IRIX	
Silicon Graph.	IRIX–SPC	
DEC	ULTRIX	
DEC	MS–DOS	

Bild 5.7 Datenträgeraustausch mit 5 1/4 Zoll Diskette

Bild 5.7 gibt einen Überblick über die Austauschmöglichkeiten mit der 5 1/4 Zoll Diskette. Einzelne Systemanbieter wie Apple oder SUN unterstützen also diesen Datenträger nicht.

Einschränkungen:

- **HP 9000:** Es können nur 360 KB MS–DOS Disketten verarbeiten werden.
- **HP/Apollo:** Erst ab Domain OS 10.1 möglich.
- **Silicon Graphics:** 5 1/4 Zoll Diskettensysteme werden nicht mehr ausgeliefert.
- **DEC:** 5 1/4 Zoll Diskettensysteme werden nicht mehr ausgeliefert.

Diese Zusammenstellung macht die abnehmende Bedeutung der 5 1/4 Zoll Diskette deutlich.

5.3.4. 1/4 Zoll Data Cartridges

Cartridge–Magnetbandgeräte sind in der Welt der Workstations relativ weit verbreitet. Als Marktführer hat sich das 1971 von 3M eigeführte 1/4 Zoll Data Cartridge durchgesetzt. Es wurde ursprünglich zur Datensicherung konzipiert, wird heute auch beim CAD–Datenaustausch eingesetzt.Wegen seiner großen Bedeutung soll es hier etwas ausführlicher behandelt werden. Bild 5.8 zeigt ein derartiges 1/4 Zoll Data Cartridge.

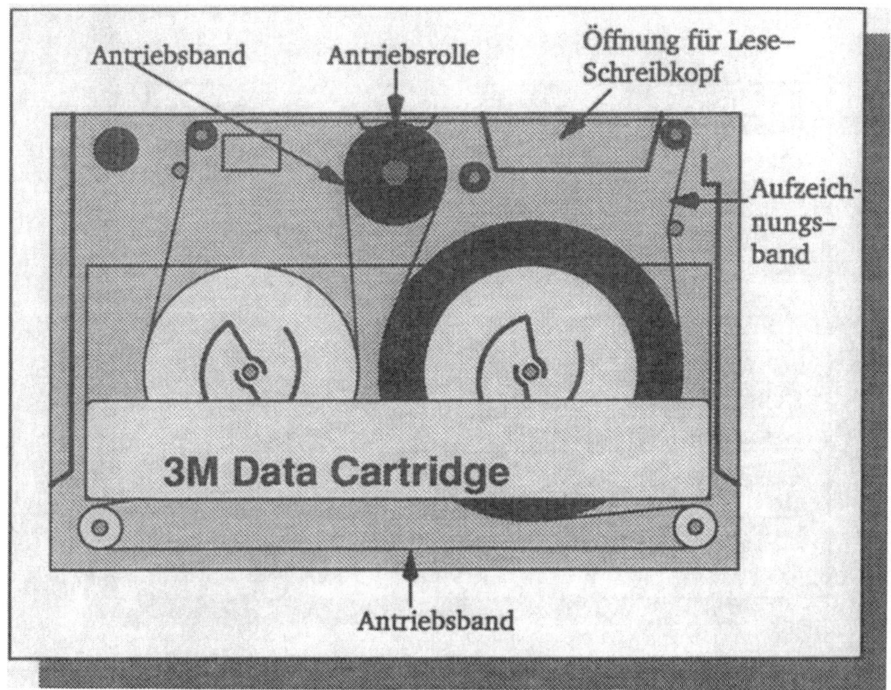

Bild 5.8 1/4 Zoll Data Cartridge

Die beiden Spulen des Data Cartridges werden indirekt über ein Antriebsband bewegt. Dieses Antriebsband wird seinerseits über eine Antriebsrolle angetrieben. Mit diesen Angaben hören beinahe schon die Gemeinsamkeiten dieses Datenträgers auf. Es gibt eine Fülle unterschiedlicher Kapazitäten, die zu Unverträglichkeiten zwischen den einzelnen Herstellern führen können. Einige wesentliche Unterschiede sind in Bild 5.9 dargestellt.

Hersteller	Kapazitäten in MB
HP 9000	67, 133
Andere	60, 150, 250, 320, 525

Bild 5.9 Kapazitäten üblicher 1/4 Data Cartridges

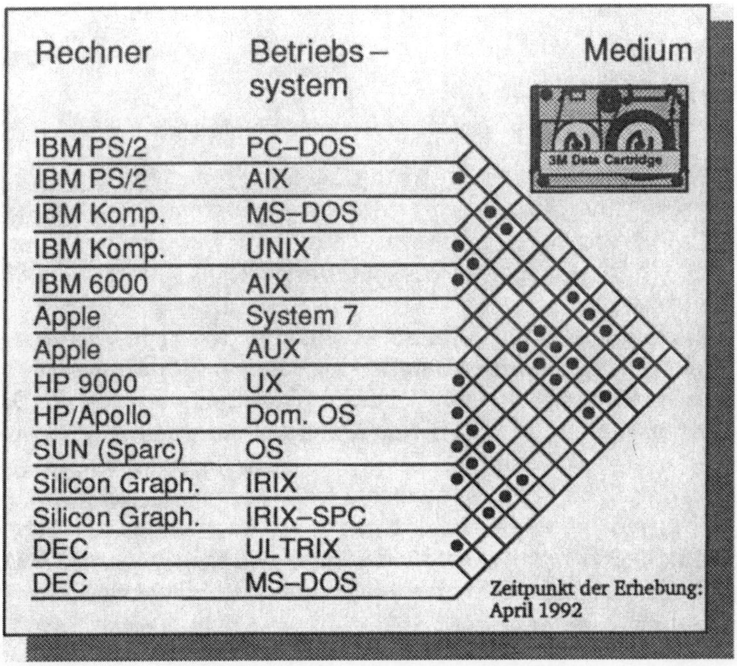

Bild 5.10 Datenträgeraustausch mit 1/4 Zoll Cartridge Tape

Bild 5.10 gibt einen Überblick über die Austauschmöglichkeiten mit dem 1/4 Zoll Data Cartridge. Insbesondere bei dieser Übersicht sind die folgenden Einschränkungen zu beachten.

Einschränkungen:

- **HP 9000:** HP 9000 besitzt ein eigenes Aufzeichnungsformat mit eigenen Bandkapazitäten (s. Bild 5.9). Damit ist der CAD–Datenaustausch mit anderen Herstellern verbaut.
- **HP/Apollo:** Es können nur 60 MB–Bänder gelesen und geschrieben werden.
- **SUN:** 60MB–Bänder können nur gelesen werden.
- **IBM 6000, Modell 1:** Es können nur 60 MB–Bänder gelesen und geschrieben werden.
- **IBM 6000, Modell 2:** 150 MB–Bänder können gelesen und geschrieben werden, 60 MB–Bänder können nur gelesen werden.
- **Silicon Graphics:** 60 MB–Bänder können nur gelesen werden.
- **DEC:** Bänder mit einer Kapazität von 150 MB bis 525 MB können gelesen und geschrieben werden, 60 MB–Bänder können nur gelesen werden.
- **Generell gilt:** Bänder mit einer Kapazität von 150 MB und weniger sind mit Ausnahme von HP 9000 und IBM 6000, Modell 1 für jedes Laufwerk geeignet. Will man Bänder mit einer Kapazität von mehr als 150 MB einsetzen, so sollte man den Hersteller fragen, ob sie unterstützt werden.

5.3.5. 1/2 Zoll Magnetband

1/2 Zoll Magnetbänder werden häufig auch als industriekompatible Magnetbänder bezeichnet. Sie gehören zu den ältesten Datenträgern und stammen aus dem Großrechnerbereich. Sie wurden dort zur Datensicherung und zum Datenaustausch verwendet. Bei PCs und Workstations spielen sie eine untergeordnete Rolle.

Als Aufzeichnungstechnik wird die sogenannte Neunspurtechnik verwendet, d. h. auf 8 Spuren werden parallel die Daten aufgezeichnet. Die neunte Spur dient der Fehlererkennung. Bei der Aufzeichnung werden die Daten in Sätze und Blöcke unterteilt. Dabei kommen unterschiedliche Aufzeichnungsdichten zur Anwendung. Gängige Aufzeichnungsdichten sind 800, 1600, 3200 und 6250 BPI (Bytes per inch). Die Magnetbänder haben Längen zwischen 300 und 3600 Feet. Damit ergeben sich Kapazitäten zwischen 30 MB und 250 MB. Die Blockgrößen sind in der Regel zwischen 1 und 32 KB wählbar.

Bild 5.11 gibt einen Überblick über die Austauschmöglichkeiten mit 1/2 Zoll Magnetbändern.

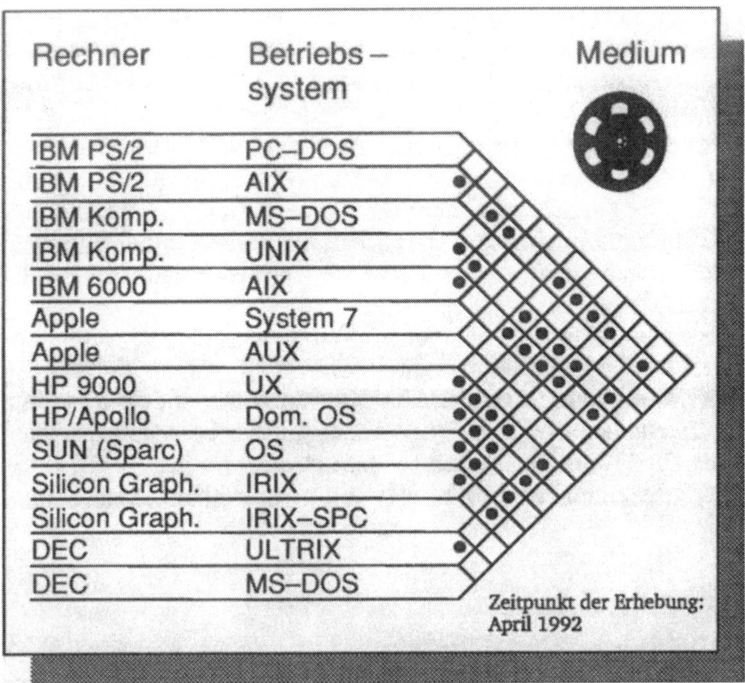

Bild 5.11: Datenträgeraustausch mit 1/2 Zoll Magnetband

Einschränkungen:

- **HP:** Blockgrößen bis zu 256 KB sind möglich.
- **SUN:** 800 BPI kann nicht verarbeitet werden.
- **IBM 6000:** Als Aufzeichnungsdichten sind nur 1600 und 6250 BPI zulässig. Die Blockgrößen müssen ein Vielfaches von 512 Byte sein.
- **DEC:** Es werden zwei verschiedene Magnetbandlaufwerke angeboten. Eines dieser Laufwerke kann nur 1600 BPI verarbeiten.
- **Generell gilt:** Magnetbandlaufwerke sind teuer. Sie sind in den wenigsten Büros, die CAD betreiben, installiert. Ihre Handhabung erfordert wegen der unterschiedlichen Blockungen, Satzlängen und Aufzeichnungsdichten erheblich mehr DV–Know–How als die anderen Datenträger.

5.3.6. 4 mm DAT Bänder

Das 4 mm DAT (Digital Audio Tape) Band ist ein vergleichsweise neuer Datenträger. Er vereinigt hohe Speicherkapazität (üblich sind 700 MB bis 2300 MB), geringen Preis (ca. DM 20,00 je Band), hohe Übertragungssicherheit (1 Fehler auf 10^{15} Bits) und vergleichsweise hohe Übertragungsrate von ca. 10 MB pro Minute. Er wird wegen dieser Eigenschaften gerne zur Datensicherung als sogenanntes Backup verwendet. Dafür wurde er auch konzipiert.

Diese Eigenschaften scheinen ihn auch für den CAD–Datenaustausch zu prädestinieren. Leider ist eine Voraussetzung dafür, ein allgemein akzeptierter Standard für die Aufzeichnung, nur sehr unvollkommen gegeben. Die meisten Hersteller von Bandlaufwerken verwenden ihr eigenes Aufzeichnungsformat, und so ist ein Datenaustausch in vielen Fällen nur zwischen gleichen Herstellern möglich.

Die am weitesten verbreitete Speicherkapazität ist 1,2 GB (Giga Byte) im DDS (Digital Data Storage)–Format.

Es liegen derzeit kaum Erfahrungen über den Einsatz dieses Mediums für den CAD–Datenaustausch vor. Ein Probeaustausch ist deswegen vor einem produktiven CAD–Datenaustausch unbedingt erforderlich.

Bild 5.12 gibt einen Überblick über die prinzipiellen Austauschmöglichkeiten.

Rechner	Betriebs–system	Medium
IBM PS/2	PC–DOS	
IBM PS/2	AIX	
IBM Komp.	MS–DOS	
IBM Komp.	UNIX	
IBM 6000	AIX	
Apple	System 7	
Apple	AUX	
HP 9000	UX	
HP/Apollo	Dom. OS	
SUN (Sparc)	OS	
Silicon Graph.	IRIX	
Silicon Graph.	IRIX–SPC	
DEC	ULTRIX	
DEC	MS–DOS	

Zeitpunkt der Erhebung: April 1992

Bild 5.12 Datenträgeraustausch mit dem 4mm DAT Band

Einschränkungen / Hinweise:
– **HP:** Es gibt eine Weiterentwicklung zu 2,0 GB und 8,0 GB (HP eigen).

- **Silicon Graphics:** Laufwerke derzeit sind nur für "Indigo","Personal Iris" und "Crimson" verfügbar.
- **Generell gilt:** Man sollte die Bänder der DV–Hersteller verwenden. Sie sind zwar teurer, aber auch zuverlässiger.

5.4. Telekommunikation

5.4.1. Möglichkeiten der Telekommunikation

Prinzipiell erscheint der CAD–Datenaustausch direkt von Rechner zu Rechner über ein Telekommunikationsnetz zweckmäßiger als der Umweg über Datenträger und Postversand. Für diesen direkten Weg bieten sich verschiedene Netze und Dienste der Telekom an.

An erster Stelle ist hier das konventionelle **Telefonnetz** zu nennen. Über dieses Telefonnetz können Ferngespräche geführt werden, Schriftstücke können per Telefax übermittelt werden, und Daten können per Datenfernübertragung (DFÜ) zwischen Sender und Empfänger ausgetauscht werden. Alle Informationen, seien es Sprache, Text oder Daten, werden dafür in eine einheitliche, analoge Form übergeführt, da das konventionelle Telefonnetz ein analoges Netz ist. Die dabei verwandten Techniken kann der interessierte Leser in [27–30] nachlesen.

Ein weiteres analoges Kommunikationsnetz der Telekom ist das **IDN–Netz** das speziell für die Übertragung von Texten und Daten ausgelegt ist. Die Abkürzung IDN steht dabei für **I**ntegriertes **T**ext– und **D**aten–**Netz**. Ein typisches Beispiel für IDN ist das Datex–P–Netz speziell für die paketvermittelte Übertragung von Daten.

Neben diesen beiden Möglichkeiten der Telekommunikation über analoge Netze bietet die Telekom mit dem **ISDN–Netz** die Möglichkeit der digitalen Datenkommunikation ohne dem Umweg einer Umwandlung in eine analoge Form. Die Abkürzung ISDN steht dabei für **I**ntegrated **S**ervices **D**igital **Net**work. ISDN ermöglicht es, Sprache, Texte, Bilder und Daten einheitlich in digitaler Form über dieselbe Leitung zu übermitteln. Das ISDN–Netz befindet sich in einer weit fortgeschrittenen Aufbauphase.

Für den CAD–Datenaustausch ist das ISDN–Netz zweifellos das attraktivste Netz und wird in Zukunft mit einem flächendecken Angebot von Datenleitungen mit hoher Übertragungsgeschwindigkeit und relativ niedrigen Installations– und Verbrauchskosten immer mehr in Anspruch genommen werden. In Abschnitt 5.4.5 wird dazu ausführlich Stellung genommen.

Bild 5.13 gibt einen Überblick über die verschiedenen Netze und Dienste der Telekom. Es erhebt keinen Anspruch auf Vollständigkeit.

Netz	Wichtigste Dienste
Telefon	Telefon
	Telefax
	DFÜ
	Btx
IDN	Datex–P
	Datex–L
	Teletex
ISDN	Telefon
	Daten
	Telefax
	Btx
	Teletex

Bild 5.13 Die wichtigsten Dienste im Telefon–, IDN– und ISDN–Netz

Die für den CAD–Datenaustausch wichtigsten Netze und Dienste werden in den folgenden Abschnitten erörtert.

5.4.2. Telefon

Das klassische Mittel zur Datenfernübertragung ist das normale Telefonnetz. Schon in den siebziger Jahren wurde es zur Datenfernverarbeitung beispielsweise in Timesharing–Rechenzentren eingesetzt. Der Anwender benötigt als zusätzliches Gerät ein sogenanntes Modem, das die digitalen Computerdaten in analoge Signale für die telefonische Übermittlung umwandelt. Aufbau und Funktionen von Modems werden in Abschnitt 5.4.4 geschildert.

Über das Telefon können Daten mit einer Geschwindigkeit von 300 bis 9600 Baud (1 Baud = 1 Bit pro Sekunde) übertragen werden. Am gebräuchlichsten ist derzeit die Übertragungsrate 2400 Baud.

Was bedeutet dies für den CAD–Datenaustausch?

Beim CAD–Datenaustausch sind Filelängen von einigen 100 KB bis zu mehreren MB üblich. Als gängiger Mittelwert für einen eher bescheidenen CAD–Austauschfile kann 750 KB angenommen. Die Schwankungsbreite der Längen von CAD–Austauschfiles ist außerordentlich groß.

Für einen derartigen 750 KB langen CAD–Austauschfile ergibt sich bei einer Übertragungsrate von 2400 Baud eine Übertragungszeit von ca. einer Stunde

[28]. Dieser Wert entspricht auch den Erfahrungen des Herausgebers dieses Leitfadens. Bei Austauschfiles von mehreren MB ergaben sich also Übertragungszeiten von mehreren Stunden. Es fallen dabei nicht unerhebliche Telefonkosten an. Das normale Telefonnetz ist damit für die Übertragung großer Austauschfiles wenig geeignet.

5.4.3. Datex–P

Das Datex–P–Netz der Telekom ist ein Netz speziell für die Übertragung von Text und Daten. **Datex–P** steht dabei für **Dat**a–**ex**change–**P**aket–switched. Wie aus dieser Bezeichnung hervorgeht, werden also die zu übertragenden Daten in Pakete eingeteilt. Diese Pakete werden durch das Leitungsnetz der Telekom vom Sender zum Empfänger übermittelt.

Das Datex–P–Netz hat im Hinblick auf die Datenübertragung mehrere technische Vorteile gegenüber dem konventionellen Telefonnetz. Die Datenübertragung ist insgesamt zuverlässiger. Es gibt weniger Übertragungsfehler. Dies ist beim CAD–Datenaustausch mit seinen erheblichen Datenmengen ein wichtiger Gesichtspunkt. Außerdem können bei Sender und Empfänger unterschiedlich leistungsfähige Modems eingesetzt werden. Die CAD–Daten können beispielsweise mit 9600 Baud gesendet und mit 300 Baud empfangen werden.

Bei einem normalen Telefongespräch oder einer Datenübertragung über dieses Telefonnetz richten sich die Kosten nach der Gesprächsdauer bzw. nach der Dauer, während der eine Leitung geschaltet ist.

Datex–P Gebühren
Stand: Juli 1992, Angaben ohne Gewähr

Einmalige Installationsgeb.	550.00 DM
Monatl. Grundgeb. 1.200 Baud	160.00 DM
2.400 Baud	220.00 DM
4.800 Baud	320.00 DM
9.600 Baud	420.00 DM
48.000 Baud	2,500.00 DM
64.000 Baud	1,500.00 DM
Volumenanteil, je Segment innerhalb Deutschlands	
erste 200.000 Segmente	0.33 Pf
alle weiteren Segmente	0.16 Pf

Bild 5.14 Gebührenübersicht Datex–P

Bei Datex–P ist dies anders. Hier ergeben sich die Übertragungskosten aus einer monatlichen Anschlußgebühr und der Menge der übertragenen Daten. Bild 5.14 gibt einen Überblick über die Gebühren beim Einsatz von Datex–P.

Beim Einsatz von Datex–P fallen also nicht unerhebliche monatliche Grundgebühren an. Der Volumenanteil richtet sich nur nach den übertragenen Segmenten, egal ob sie nach Hamburg oder München gesandt werden. Die Angaben zum Volumenanteil in Bild 5.14 beziehen sich dabei auf die in einem Abrechnungszeitraum, in der Regel ein Monat, übertragenen Segmente. Ein Segment umfasst dabei 64 Bytes. Datex–P bietet sich also immer dann an, wenn große Datenvolumen fehlerfrei gegebenenfalls über große Entfernungen übertragen werden sollen. Dann machen sich die vergleichsweise hohen monatlichen Grundgebühren bezahlt.

5.4.4. Einige Bemerkungen zu Modems

Mit Modems können Computer über analoge Telekommunikationsnetze untereinander kommunizieren. Modems sind in der Regel so groß wie Zigarrenkisten und haben drei Kabel, je eines für die Stromversorgung, die Verbindung mit der seriellen Schnittstelle des Computers und dem Telefonnetz. Die prinzipielle Arbeitsweise von Modems ist in Bild 5.15 dargestellt.

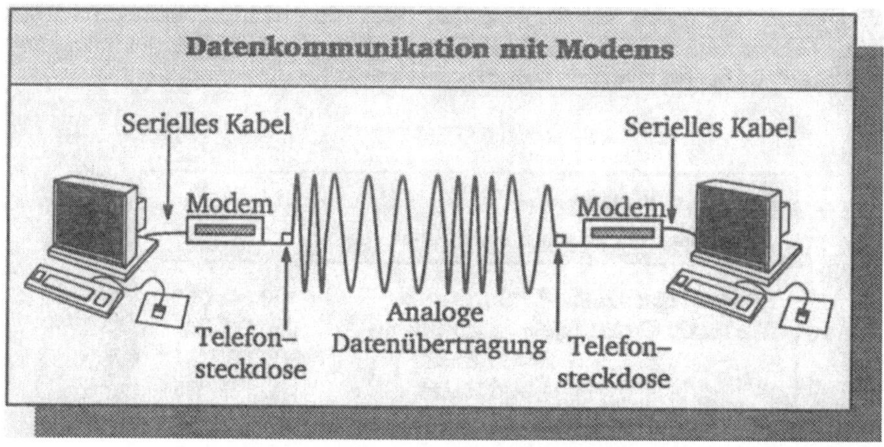

Bild 5.15 Prinzipielle Arbeitsweise der Datenkommunikation mit Modems

In mancher Hinsicht funktioniert ein Modem wie ein Telefon. Das Modem ”hebt den Hörer ab” bzw. gibt das entsprechende Signal an das Telefonnetz weiter, wählt eine Telefonnummer oder nimmt einen ankommenden Anruf entgegen, nur eben nicht in Form gesprochener Worte oder manueller Tätigkeiten am Telefon, sondern als Signale, wie sie von einem Telefon abgehen.

Für die Übertragung von Daten mit analogen Telekommunikationsleitungen gibt es eine Fülle unterschiedlicher Verfahren und Standards. Da gibt es die unterschiedlichsten Übertragungsgeschwindigkeiten von 300 Baud bis üblicherweise 9600 mit unterschiedlichen Protokollen. Der Ausdruck Protokoll wurde in Anlehnung an die Diplomatie gewählt. Dort regeln Protokolle den Umgang und die Kommunikation mit Diplomaten. In der Telekommunikation regeln Protokolle die Datenkommunikation. Teilweise sind diese Protokolle standardisiert, wie z. B. das X.25 Protokoll zur Datenübertragung mit dem Datex–P–Netz.

Die zu übermittelnden Daten werden im Modem in vielen Fällen komprimiert, um Übertragungskosten zu sparen. Auch dafür gibt es Standards.

Die Modems werden durch spezielle Software gesteuert. Obwohl sich der Befehlssatz eines Herstellers, der sogenannte Hayes–Befehlssatz, weitgehend durchgesetzt hat, werden am Markt eine Fülle unterschiedlicher Modems mit unterschiedlichen Eigenschaften und Funktionalitäten angeboten. Es ist also keineswegs selbstverständlich, daß zwei unterschiedliche Modems miteinander kommunizieren können.

Was passiert, wenn über zwei unterschiedlichen Modems eine Datenübertragung erfolgen soll?

Zunächst muß eine Telefonverbindung hergestellt werden. Ist eine Verbindung zwischen zwei Modems hergestellt, so müssen sich beide Modems auf ein Protokoll einigen, das sie beherrschen. Modems sollten also unterschiedliche Übertragungsgeschwindigkeiten und Protokolle unterstützen, um gut kommunikationsfähig zu sein. Erst wenn dieses gemeinsame Protokoll vereinbart wurde, kann die eigentliche Datenübertragung beginnen. Ist die Datenübertragung beendet, so wird dies dem Anwender mitgeteilt, und er kann dem Modem mitteilen, "aufzuhängen", d. h. die Leitung zu unterbrechen.

Der Kauf und die Installation eines Modems sind also keine trivialen Aufgaben. Eine sachkundige und dennoch verständliche Beratung ist hier von großer Bedeutung. Ein Basiswissen, wie es z. B. [28] vermittelt, ist äußerst nützlich.

5.4.5. ISDN

Leistungsmerkmale und Perspektiven. Seit 1989 bietet die Telekom neben analogen Telefonnetzen auch das digitale ISDN–Netz an. Es ist für die Übermittlung von Sprache, Text, Bild und Daten ausgelegt. Über ISDN–Leitungen können Daten mit einer Geschwindigkeit von 64 KBit/s übermittelt werden. Vergleicht man dies mit der heute bei analogen Telefonnetzen üblichen Übertragungsgeschwindigkeit von 2,4 KBit/s, so ergibt sich bei ISDN ein Geschwindigkeits– und Zeitgewinn um ca. den Faktor 27. Die Übertragung des in Abschnitt 5.4.2 beschriebene Austauschfiles von 750 KB dauert dann nicht

mehr eine Stunde, sondern ca. zwei Minuten. Werden die Daten vor der Übermittlung komprimiert, so wird die Übertragungszeit weiter reduziert.

Bei dem erheblichen Umfang von CAD–Austauschfiles (einige 100 KB bis
mehrere MB) wird der CAD–Datentransfer über Telekommunikationsleitungen erst bei dieser Geschwindigkeit und damit erst mit ISDN interessant.
Auch die Telefongebühren werden drastisch reduziert, da die
Übertragungskosten wie normale Telefongebühren berechnet werden.
Lediglich die monatliche Grundgebühr ist teurer als beim konventionellen
analogen Telefon. Anstelle der DM 24,60 für einen analogen Einzelanschluss
sind beispielsweise DM 74.00 für einen ISDN–Basisanschluß monatlich zu
entrichten (Zeitpunkt Juli 1992).
Die hohen Übertragungsgeschwindigkeiten von ISDN eröffnen
weitreichende Möglichkeiten der Datenkommunikation. Sie werden in den
folgenden Abschnitten geschildert.

Hard– und Softwarevoraussetzungen.

ISDN–So–Karten. Für die Kommunikation über einen ISDN–Anschluß hat die
Telekom die So–Schnittstelle festgelegt. Diese So–Schnittstelle ist eine
digitale Schnittstelle. Mit einem Modem alleine kann man also nicht über das
ISDN–Netz Datenkommunikation betreiben. Dazu wird später mehr gesagt.
Bei der Kommunikation von Computern über das ISDN–Netz müssen die
Daten, bevor sie in das ISDN–Netz eingespeist werden, in eine So–kompatible
Form umgewandelt werden. Dies machen sogenannte ISDN–So–Karten. Insbesondere für PCs werden eine Fülle unterschiedlicher ISDN–PC–Karten angeboten, die nicht unbedingt untereinander kompatibel sind. Diese Karten
werden wie andere Karten, z. B. Grafikkarten oder Netzwerkkarten in den PC
gesteckt.
Neben der ISDN–PC–Karte muß auch noch eine Kommunikationssoftware
installiert werden, die unter anderem die Daten von der internen Darstellung
des PCs in das So–Format umwandelt.

Terminaladapter. Für das analoge Telefonnetz wurden im Laufe der Jahre eine
Fülle herkömmlicher Geräte beschafft. Diese Geräte, dazu zählt auch das Modem, können nicht direkt an das ISDN–Netz angeschlossen werden. Beim
Übergang auf ISDN will man jedoch in vielen Fällen die vorhandenen Geräte
zumindest teilweise weiterverwenden. Dazu benötigt man einen Adapter, der
die analogen Signale der konventionellen Geräte in eine digitale, So–kompatible Form umwandelt. Genau dies leisten sogenannte Terminaladapter.
Im Falle der Datenübertragung werden sie zwischen das Modem und die
ISDN–Dose geschaltet. Ein Terminaladapter hat etwa die Größe eines Modems. Der Vorteil von Terminaladaptoren ist, daß die vorhandenen Geräte
weiterhin verwendet werden können. Der Nachteil ist, daß die hohen

Übertragungsraten des ISDN–Netzes in der Regel nicht ausgenutzt werden können. Einer der Hauptvorteile von ISDN geht also beim Einsatz eines Terminaladaptors verloren. Für die Datenübertragung ist deswegen der Einsatz eines Terminaladaptors in der Regel nicht zweckmäßig.

ISDN–LAN–Verbindungen über Bridges. Bridges verbinden Netzwerke, die im wesentlichen identisch sind. Mit einer Bridge können beispielsweise zwei Novell–Netze miteinander verbunden werden. Bridges sind in der Regel Knotenrechner, z. B. ISDN–PCs, die beide Netze koppeln. Die verbundenen LANs werden so zu einem einzigen größeren Netzwerk zusammengefaßt; sie erscheinen aus Sicht des Benutzers wie ein einziges LAN.

Den zu übertragenden Daten werden Adressen zugeordnet. Die Bridge analysiert die angegebenen Adressen und leitet die Daten gegebenenfalls an ein angeschlossenens Teilnetz weiter. Konfigurations– und Berechtigungstabellen des Netzes gewährleisten, daß die Daten zuverlässig vom Sender zum Empfänger gelangen.

Dieses Verfahren gewährleistet höchste Sicherheit vor unberechtigtem Zugriff, da eine Verbindung nur zu explizit eingetragenen Rechnern erfolgen kann. Die ISDN–Nummer des anzurufenden System wird der Zielorttabelle entnommen, die ISDN–Verbindung wird automatisch aufgebaut. Der Verbindungsabbau erfolgt zur Einsparung von Gebühren automatisch, wenn während einer einstellbaren Zeit die Verbindung nicht genutzt wird.

ISDN–LAN–Bridges sind für so gut wie alle gängigen Netzwerke verfügbar.

Unterschiedliche Netze können mit ISDN–Gateways miteinander gekoppelt werden. Dies sind wesentlich kompliziertere Hard– und Softwaresysteme als Bridges. Sie sollen hier nicht weiter erörtert werden.

Diese Möglichkeit, mehrere Teilnetze über ISDN zu verbinden, eröffnet wesentlich weitreichendere Möglichkeiten der Datenkommunikation als der Datenaustausch per Filetransfer. In den folgenden Abschnitten wird dies näher beschrieben.

Möglichkeiten der Datenkommunikation mit ISDN dargestellt anhand eines Fallbeispieles

Das Fallbeispiel. Im Rahmen der ISYBAU–Entwicklungsaufgabe – CAD–Datenaustausch mit Freischaffenden – wurde ein Bauvorhaben, das Marineunterstützungskommando in Wilhelmshaven, als Pilotprojekt ausgewählt. Anhand dieses Pilotprojektes wollte man neue Wege des Datenaustausches und der Kommunikation zwischen Planungsbüros und Bauamt mit ISDN erproben. Die dabei gesammelten Erfahrungen und Erkenntnisse werden in den folgenden Abschnitten zusammenfassend dargestellt.

Filetransfer. Beim Filetransfer werden Files von einem Rechner auf einen anderen gesendet. Dieses können – wie beim Austausch über Datenträger – Plotfiles oder auch gesamte (bzw. Teile von) Projektdateien sein. Wenn die Austauschpartner mit unterschiedlichen CAD–Programmen arbeiten, müssen die Daten in Austauschformaten übergeben werden, die beide Systeme unterstützen (z.B. HPGL für Plotfiles, STEP–2DBS für Projektdateien). Wie beim Austausch über Datenträger ist jedoch auch hier zu beachten, daß der Sender grundsätzlich nie eigene versandte Daten zurücklesen darf, sondern nur Layer mit Eintragungen des Partners, um die Konsistenz der eigenen Planung nicht zu gefährden. Hier gelten also die gleichen Konventionen für Namensgebung und Layerstrukturen wie beim Austausch über Datenträger (s. Kapitel 6.).

Um die Sicherheit der eigenen Daten zu gewährleisten, wurden dem jeweiligen Partner Verzeichnisse zur Verfügung gestellt, auf die er mit einer Gastkennung und Passwort Zugriff hat und in denen die freigegebenen Daten als Kopie bereitgestellt werden. Die übrigen Bereiche des eigenen Rechners wurden vor unbefugtem Zugriff geschützt.

Die Übertragung eines 300 KB DIN A0 Planes dauerte ca. 30 Sekunden. Für die Übertragung aller Projektdaten, die 5 MB umfassten, wurden 5 Minuten benötigt. Dabei ist zu berücksichtigen, daß die CAD–Daten vor dem Übertragen per ISDN durch die Bridge komprimiert wurden. Mit ISDN und Datenkomprimierung lassen sich also sehr hohe Übertragungsraten erzielen.

Remote Login. Das Remote Login ist ein Verfahren, mit dem man sich vom eigenen Rechner auf einem fremden Rechner Zutritt verschaffen kann. Der eigene Rechner wird zum Terminal des fremden Rechners. Man kann auf dem fremden Rechner beispielsweise ein CAD–Programm starten und sich Planungsstände ansehen, wie wenn man am fremden Rechner direkt arbeiten würde.

Dies eröffnet vielversprechende Möglichkeiten für den CAD–Datenaustausch. Der Statiker verschafft sich beispielsweise per "Remote Login" Zutritt auf dem Rechner des Architekten, inspiziert dort die Projektdaten und läßt sich per "File Transfer" nur die Layer senden, die er für die Erstellung der Schal- und Bewehrungspläne benötigt.

Dieses Verfahren ist jedoch nicht unproblematisch. Die Reaktionsgeschwindigkeit des CAD–Programms ist bei diesem Verfahren aufgrund des Zugriffs auf hohe Datenmengen über die ISDN–Datenleitung deutlich verlangsamt. Das CAD–Programm reagiert also am über ISDN angeschlossenen Rechner deutlich träger.

Außerdem müssen einige DV–technische und organisatorische Voraussetzungen erfüllt sein. In dem Fallbeispiel lief das CAD–Programm unter X–Windows, das auf derartige Anwendungen ausgelegt ist. Der Anwender kannte das mit "Remote Login" gestartete CAD–Programm. Nur so konnte er die gewünschten Operationen ausführen. Wie beim File–Transfer gab es Absicherung gegen unberechtigten Zugriff.

Konferenzschaltung. Die Konferenzschaltung ermöglicht, auf mehreren Bildschirmen das gleiche Bild simultan zu zeigen und wechselweise zu bearbeiten. Der Sender gibt den Namen der Partnermaschine an, auf der das Bild auch erscheinen soll, und vergibt Bearbeitungsrechte für die Partneranlage.

Es hat sich als zweckmäßig erwiesen, bei dieser Art der Kommunikation über Datenleitung gleichzeitig eine Telefonverbindung aufzunehmen, um Abstimmungen auch verbal zu erläutern. Sie hat sich als echte Alternative zu Planungsbesprechungen vor Ort erwiesen, besonders bei größeren Entfernungen zwischen Planungsbeteiligten oder spontanen Detailabsprachen. Umwege über Dokumentation auf Papier, Besprechungen vor Ort und Rückübertragung der Ergebnisse in das CAD-System (Zeit und Kosten) werden erspart. Das Besprechungsergebnis ist sofort in der Projektdatei dokumentiert.

Die Konferenzschaltungssoftware wird nur auf dem sendenden Rechner benötigt. Die Voraussetzungen für eine Konferenzschaltung sind praktisch dieselben wie beim Remote Login.

Die beim Fallbeispiel eingesetzte Software stammt von HP. Sie wird in ähnlicher Form auch von anderen Herstellern angeboten.

5.5. Organisatorisches

Um CAD-Daten erfolgreich und nutzbringend austauschen zu können, müssen einige organisatorische Voraussetzungen geschaffen werden.

Zunächst müssen die für den CAD-Datenaustausch verantwortlichen Personen festgelegt werden. Sie sollten sowohl das erforderliche DV-Wissen als auch die für die Beurteilung der bauplanerischen Belange notwendige Erfahrung mitbringen. Diese beiden Personen legenden die folgen Punkte fest:
- Ansprechpartner für den Datenaustausch mit Vertretung,
- Verwendungszweck der Daten (z. B. Schalpläne, Werkpläne f. techn. Gebäudeausrüstung),
- Termin- und Zeitabsprachen,
- Verbindlichkeit, Haftung,
- Vertraulichkeit, Aspekte des Datenschutzes,
- Mehraufwand (Kosten und Zeit),
- Art der Daten (Layer, Layersystematk, Bibliotheken, etc.),
- zu erwartende Datenmenge,
- begleitende Unterlagen,
- Hardwarekonfigurationen bei Sender und Empfänger,
- Softwarekonfigurationen mit Versionsangabe bei Sender und Empfänger,
- Austauschformat (STEP-2DBS),
- Datenkomprimierung,
- Virentests,
- Übertragungsmedien (Diskette, Cartrige, etc.).

Der Datenaustausch wird wesentlich durch den Verwendungszweck der CAD–Daten bestimmt. Der Empfänger will damit bestimmte Pläne, z. B. der Tragwerksplaner Schalpläne, termingerecht erstellen. Unter Umständen übergibt ein Bauherr vertrauliche Bestandspläne an einen Architekten zur Planung von Erweiterungen oder Umbauten. Aus diesen Gesichtspunkten ergibt sich, daß eine vertragliche Regelung des CAD–Datenaustausches in vielen Fällen zweckmäßig ist. In dem Vertag werden unter anderem Terminfragen, Geheimhaltung, Verbindlichkeit der CAD–Daten und Mehraufwand für den CAD–Datenaustausch geklärt.

Der nächste zu regelnde Themenkomplex betrifft den Inhalt der auszutauschenden CAD–Daten. Hier sollte geklärt werden, welche Layerkonventionen einzuhalten sind, ob Bibliotheken (z. B. Symbolbibliotheken) mit ausgetauscht werden etc. Anhand dieser Angaben kann man das Datenvolumen abschätzen. Dies hat entscheidenden Einfluß auf das Übertragungsmedium. Bei großen Projekten kann es z. B. zweckmäßig sein, Cartridge–Magnetbänder einzusetzen.

Zum CAD–Datenaustausch gehören stets begleitende Unterlagen auf Papier. Einerseits informieren sie den Empfänger über den Inhalt des Austauschfiles. Sie geben an, welche Layer auf dem Austauschfile sind, ob Bibliotheken mitversandt wurden etc. Außerdem sollten immer Pläne mitversandt werden. Anhand von Plänen können einerseits Informationsverluste häufig schnell entdeckt werden, fast noch wichtiger sind jedoch Haftungsfragen. Derzeit gilt ausschließlich die Papierform als rechtsverbindlich. Alleine schon deswegen sollten in den meisten Fällen Pläne den Austauschfile begleiten.

Für den CAD–Datenaustausch mit STEP–2DBS gibt es das Programm STEP-VIEW, mit dem STEP–2DBS–Daten vorab angesehen und analysiert werden können. Beim Einsatz dieses Programmes ist es in vielen Fällen überflüssig, Pläne mit zu versenden. Viele Planer haben dennoch ihre Unterlagen gerne "Schwarz auf Weiß".

Begleitinformation als Text kann auch mit ASCII–Dateien oder Text–Dateien eines Textprogrammes zum Lesen am Bildschirm mitversandt werden.

Künftig wird der CAD–Datenaustausch zunehmend auch Sachdaten umfassen. Dies wird insbesondere von den Bauherren gewünscht, die eine CAD–unterstützte Bestandverwaltung, das sogenannte CAFM (Computer Aided Facilty Management) betreiben.

Außerdem sollte man sich natürlich einen Überblick über die bei Sender und Empfänger vorhandene Hard– und Sofware verschaffen. Sie bestimmt den Datenträger und eventuelle Konvertierungen, z. B. beim Austausch zwischen den Betriebssystemen DOS und UNIX. Es kann dabei durchaus zweckmäßig sein, daß sich beide Austauschpartner zusätzliche Laufwerke, z. B. je ein kompatibles Cartridge–Magnetband zulegen, um große Datenmengen austauschen zu können.

Eine Alternative für CAD–Datenmengen bis zu ca. 4–5 MB sind sogenannte Komprimierungsprogramme. Sie komprimieren das CAD–Datenvolumen auf bis zu 20–30% ihres ursprünglichen Umfanges. Der Empfänger muß dann die Daten vor dem Einsatz des Postprozessors wieder auf die ursprüngliche Größe dekomprimieren. Ein ursprüngliches CAD–Datenvolumen von bis zu 4–5 MB kann mit einem derartigen Komprimierungsprogramm auf ein Volumen reduziert werden, das auf eine 3 1/2 Zoll Diskette paßt. Beim CAD–Datenaustausch ist es zweckmäßig, das Dekomprimierungsprogramm auf dem Datenträger mitzuversenden.

Grundsätzlich sollten die CAD–Daten vor dem Einlesen einem Virentest unterzogen werden. Werden Daten in komprimierter Form übertragen, so ist zu beachten, daß das Virentestprogramm komprimierte Viren nicht erkennt. Der CAD–Austauschfile muß also vor dem Virentest dekomprimiert werden.

In jeden Fall ist es zweckmäßig, vor dem eigentlichen "produktiven" CAD–Datenaustausch einen kurzen "Probeaustausch" durchzuführen. Dieser "Probeaustausch" kann entfallen, wenn zwischen beiden Austauschpartnern eine eingespielte Austauschpraxis betsteht.

Von einer umfassenden Umstellung der Hard– und Software während des Austauschzeitraums sollte abgesehen werden. Unkritischer sind Upgrades und Updates zu behandeln. Eine gegenseitige Informationspflicht über Veränderungen hierüber besteht in jedem Fall.

Über die vorbereitenden und begleitenden Maßnahmen zum Datenaustausch sollten Tätigkeitsprotokolle bzw. Sende– und Empfangsprotokolle erstellt werden. Die Verrechnung des entstehenden Mehraufwandes muß geklärt werden.

6. Layerstrukturen – Einstieg in die Themenstellung

6.1. Über Bedeutung und Verwendung von Layern

Für den Begriff 'Layer' sind viele Synonyme gebräuchlich, z. B. 'Folie', 'Level', 'Ebene' oder 'Teilbild'. Einen Layer kann man sich, wie in Abschnitt 3.2.6 beschrieben, als eine Klarsichtfolie vorstellen. Die endgültige Zeichnung setzt sich aus mehreren übereinanderliegenden Klarsichtfolien oder Layern zusammen. Dieser Zeichnungsaufbau ist in Bild 6.1 schematisch dargestellt.

Den Layern können vielfach pauschal grafische Attribute, d. h. Strichstärke, Strichart und Farbe zugeordnet werden. Sie gelten dann für alle zu dem Layer gehörigen Elemente, sofern nicht den einzelnen Elementen individuell andere grafische Attribute zugeordnet werden.

Layer werden in der CAD–Planung zur Strukturierung der CAD–Daten eingesetzt. Insbesondere die unterschiedlichen Sachgebiete der Planung werden in unterschiedlichen Layern dargestellt. CAD–Daten zur Darstellung von elektrischen, Gas–oder Wasserinstallationen werden z. B. jeweils in getrennten Layern angeordnet.

Die Layer strukturieren die CAD–Daten eines Sachgebietes noch in Untergruppen, die gemeinsam bearbeitet werden oder die als Untermenge in einem anderen Sachgebiet verwendet werden können, z. B. in Raster oder Raumbeschriftungen.

In einigen Systemen werden den Elementen zusätzlich alphanumerische Attribute zugeordnet. Materialeigenschaften, Kostenelemente oder Raumbeschreibungen können als Attribute den Elementen oder Elementgruppen zugewiesen werden. Diese an die geometrische Repräsentation angehängten alphanumerischen Attribute sind der Beginn einer umfassenden Produktbeschreibung. Um die komplexe Menge der möglichen Attribute effektiv bearbeiten zu können, verwenden einige Softwarehersteller relationale Datenbanken.

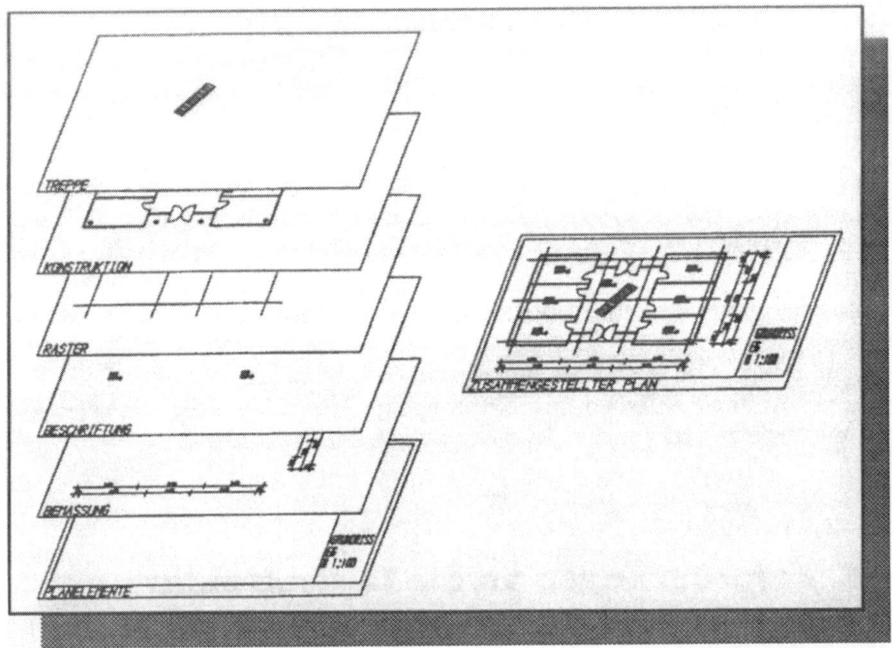

Bild 6.1 Gliederung eines CAD–Planes in Layer

Die Attribute werden im Laufe des Planungsprozesses ermittelt und häufiger geändert als z. B. die Gebäudestruktur. Werden die Attribute in einer Layerbezeichnung berücksichtigt, so muß bei jeder Änderung das Bauteil auf einen anderen Layer gelegt oder die Bezeichnung des Layers geändert werden. Die Verknüpfung der notwendigerweise flexiblen Attribute mit der Layerstruktur sollte also gering sein. Im Feld 'Inhalt' des Layernamens wird eine Redundanz zu Attributinhalten nicht zu vermeiden sein.

Um hier eventuelle Unklarheiten zu beseitigen, welche Art von Informationen in der Layerzugehörigkeit enthalten ist und welche Informationen bei den Sachdaten bzw. alphanumerischen Attributen abgelegt werden, soll für die vorliegende Layerstruktur folgende Regel gelten:

Zur Steuerung der Sichtbarkeit und zum Planzusammenbau werden ausschließlich Layer verwendet. Sachdaten bzw. alphanumerische Attribute werden zur Sichtbarkeitssteuerung und zur Planerstellung nicht herangezogen.

Dies entspricht dem derzeitigen Stand der CAD–Technik, bei dem die Sichtbarkeit bei der Mehrzahl der Systeme ausschließlich mit Layern gesteuert wird. Es ist jedoch abzusehen, daß künftig immer mehr CAD–Systeme dazu übergehen werden, die Sichtbarkeit zusätzlich mit alphanumerischen Attributen zu steuern.

In der heutigen CAD–Austauschpraxis wird ein CAD–Austauschfile hauptsächlich als eine Art hochstrukturierte Mutterpause verwendet. Der Bearbeiter möchte die für seinen Aufgabenbereich überflüssigen Daten ausblenden und eigene hinzufügen.

Ein Grundstock an Daten darf in der Regel nicht verändert, also nur gelesen werden. Der Empfänger dieser CAD–Daten darf dafür also lediglich Änderungsvorschläge machen. Diese Änderungsvorschläge sollten in einem Änderungslayer wieder an den Absender der Pläne zurückgeschickt werden können.

Um eine sinnvolle Layerstruktur zu entwickeln ist es notwendig, die Arbeitsvorgänge rund um den Datenaustausch zu untersuchen. In diesem Zusammenhang ist auch eine Betrachtung von Urheberrechten und die Vergabe von unterschiedlichen Zugriffsberechtigungen notwendig, damit jeweils nur autorisierte und aktuelle Planungsstände im Umlauf sind.

6.2. Anforderungen an die Layerstruktur

Alle zu einem Layer gehörigen Elemente können nur gemeinsam dargestellt oder ausgeblendet werden. Diese beinahe selbstverständlich klingende Aussage ist von entscheidender Bedeutung für die Gestaltung der Layersystematik. Sie hat zur Folge, daß in einem Layer genau die CAD–Daten angeordnet werden, die gemeinsam sichtbar oder unsichtbar sind. Die Einteilung in Sachgebiete ist eine Folge dieser Eigenschaft. Leider gibt es dabei von Planer zu Planer und von Planungsstadium zu Planungsstadium unterschiedliche Informationsstände und Anforderungen. In einem frühen Planungsstadium kann beispielsweise der Architekt noch nicht zwischen tragenden und nichttragenden Wänden unterscheiden. Im Hinblick auf die Schalplanerstellung ist genau diese Unterscheidung wesentlich.

Die Layerstruktur soll in allen Phasen des Lebenszyklusses eines Gebäudes von allen Beteiligten und von den ausführenden Firmen verwendbar sein. Die Einteilung sollte übersichtlich, umfassend und flexibel gestaltet werden. Die Anwender brauchen auf jeder Strukturebene frei verwendbare Plätze, da es unmöglich ist, allen Anforderungen in einer vordefinierten, projektneutralen Struktur gerecht zu werden.

Da für jede Fachplanung andere Elemente zur Feineinteilung benötigt werden, muß eine Möglichkeit geschaffen werden, Layergruppen zu bilden. Für die Architektenpläne gibt es z.B. Unterteilungen für Wände, Stützen, leichte Trennwände und Fassaden, während der Elektroplaner diese Informationen immer gleichzeitig als Unterlage für die eigene Planung verwendet.

Es ist notwendig, eine Regelung für Sonderfälle wie Makrobibliotheken, Symbole, Layer zum Plotten oder ähnliche Elemente zu finden.

Bei fortschreitender integrierter Planung sind Regelungen der Zugriffsberechtigung unumgänglich und auch der Austausch von Änderungsvorschlägen sollte geregelt sein.

6.3. Forderungen an die Namenskonvention

Die Namenskonvention muß allen Forderungen an die Struktur gerecht werden.

Die Namen müssen einprägsam und für möglichst viele CAD–Systeme verwendbar sein. Das Führen von Layerlisten per Hand sollte vermieden werden.

Trennzeichen erhöhen die Lesbarkeit, erhöhen jedoch den Aufwand bei manueller Eingabe des Namens. Bei der Wahl eines Trennzeichens ist zu beachten, daß Betriebssysteme Restriktionen für bestimmte Sonderzeichen haben.

Alphanumerische Namen sind aussagefähig, auch bei Abkürzungen. Rein numerische Namen brauchen immer eine Erklärung des Inhaltes.

Für die Eingabe über eine Tastatur dürfen die Namen nicht zu lang sein. Einige Systeme haben maximal 8 Stellen zur Verfügung. Um diese Einschränkungen nicht vorzuschreiben, gibt es eine Lang– und eine Kurzform der Layernamen. Eine Synonymtabelle kann bei Bedarf die eine Form in die andere Form übersetzen.

6.4. Wünsche an die Softwarehersteller

Layer sollten durch die Zuordnung von Zugriffsrechten vor unbefugter Änderung geschützt werden können.

Die automatische Zuweisung von Elementen zu Layern sollte von dem CAD–System als Wahlmöglichkeit für die Anwender angeboten werden.

Für Projektdateien mit Layern, die einen immer gleichen Namensbestandteil haben, z.B. Entwurfsverfasser und Planabschnitt, wäre die Möglichkeit, einen Namensbestandteil wahlweise automatisch einfügen zu können, von Vorteil.

6.5. Empfehlung für eine Layerstruktur

Die Layerstruktur gilt nur für die eigentlichen Zeichnungsdaten, d.h. sie gilt nicht für Bibliotheken mit Makros, für Symbole oder ähnliches. Sie gilt jedoch für Planköpfe, Raster und andere zeichnungsübergreifende Planelemente.

Der Entwurfsverfasser muß im Layernamen angegeben sein, um eine Zeichnung nachvollziehbar aus Layern verschiedener Planungsbeteiligter zusammensetzen zu können. Das 'wer' muß also im Layernamen verankert werden.

Für jede Zeichnung auf einem Plan ist es zum Verständnis unumgänglich, die Lokalität und die Projektionsart, daß heißt das 'wo' und 'wie' mitzuteilen, da nicht aus jeder Zeichnung ersichtlich ist, welches Geschoß dargestellt ist und ob ein Grundriß oder ein Deckenspiegel zu sehen ist. Zur Lokalität kann auch die Definition eines Planabschnittes gehören, weil nicht immer der gesamte Grundriß eines Geschosses auf einen Plan paßt. Die vorhergehenden Angaben sind auf jedem Plankopf oder im Zeichnungstitel zu finden.

Für die Layerstruktur werden die Zeichnungen noch weiter untergliedert in verschiedene Inhalte, wie z. B. Raster oder Vermaßung. Das 'was' muß also aus dem Layernamen hervorgehen. Diese weitere Unterteilung hat sich bei allen CAD–Anwendungen im Baubereich als effektiv erwiesen, weil hiermit ein schnellerer Zugriff gezielt auf die gerade notwendigen Daten erfolgen kann. Diese Unterteilung wird im Feld "Inhalt" vorgenommen. In diesem Feld sollten die Inhalte so differenziert werden, daß verschiedene Layerzusammenstellungen bei verschiedenen Planungsbeteiligten möglich sind.

Als letzte Unterscheidung ist noch das 'wann' möglich, d. h. die Angabe eines Index, eines Datums oder einer Variante.

Eine besondere Gruppe bilden zeichnungsübergreifende Planelemente wie z. B. Planrahmen, Legenden oder der Plankopf sowie eventuelle 'Änderungslayer' für den Informationsaustausch.

Für die Layerstruktur wurde die Baumstruktur als Grundprinzip gewählt, um mit Hilfe der vorhandenen Hierarchie von übergeordneter zu immer feinerer Abstufung des Informationsgehaltes der Daten, Gruppenbildungen zu ermöglichen.

Diese Struktur hat an erster Stelle die übergeordnete Information, d. h. den Planverfasser, und an letzter Stelle den Index, daß heißt die feinst mögliche Unterscheidung bei gleichem Sachverhalt. An vorletzter Stelle steht der Inhalt, der das Unterscheidungsmerkmal bei gleicher Projektionsart am gleichen Ort enthält.

Bei der Reihenfolge Planverfasser/Planabschnitt/Projektionsart/Lokalität/Inhalt/Index liegen zusammengehörige Layer bei einer aufsteigenden alphanumerischen Sortierung der Layernamen hintereinander, z.B. alle Layer eines Planabschnittes und alle Grundrisse dieses Planabschnittes sortiert nach Geschossen. Innerhalb der Struktur ist die letzte Ebene, d. h. der Index, optional.

Der Layername ist also strukturiert in die fünf Themenbereiche, die durch die Fragen 'wer', 'wo', 'wie', 'was', 'wann' charakterisiert werden. Die Layerstruktur hat deswegen den Namen **'5w–Struktur'**.

Der genaue Inhalt der Felder wird im Zusammenhang mit der Namenskonvention erläutert. Das Schema der Layerstruktur ist in Bild 6.2 dargestellt.

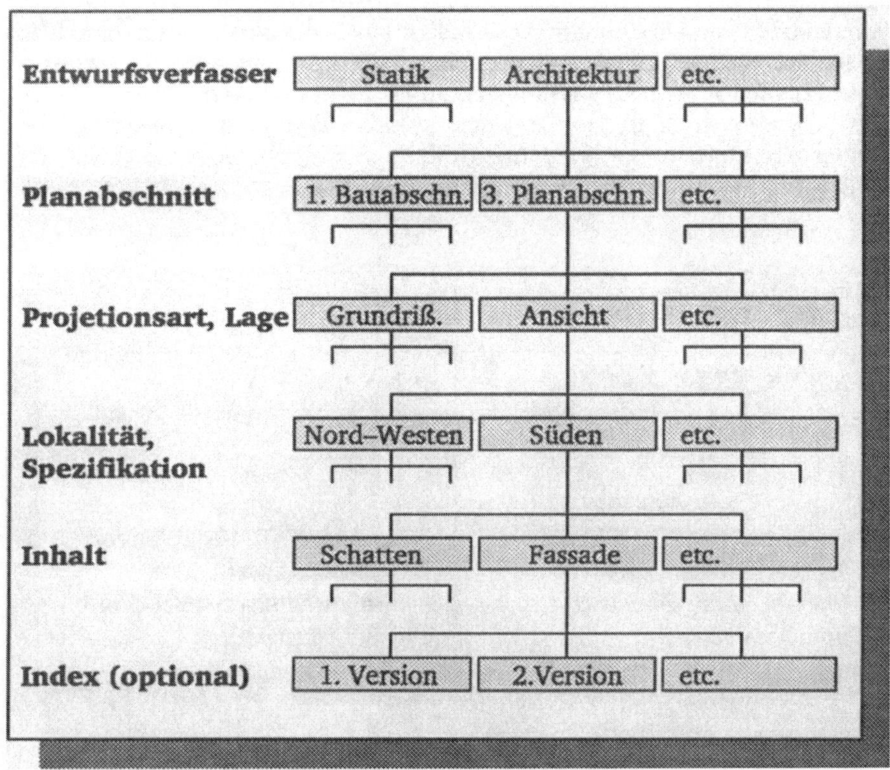

Bild 6.2 Schema der 5w–Layerstruktur

6.6. Namenskonvention – Einstieg und Überblick

Für die Namenskonvention gibt es eine Lang– und eine Kurzversion. Bei der Langversion ist eine größere Differenzierung im Feld "Inhalt" möglich. Bei der Kurzversion sind Layernamen maximal 8 Zeichen lang. Sie wurde im Hinblick auf diese Begrenzung entwickelt. Filenamen von DOS sind beispielsweise maximal achtstellig.

Für die verschiedenen Felder werden in den folgenden Abschnitten Abkürzungen vorgeschlagen. Diese Abkürzungen sind als Muster gedacht und erheben keinen Anspruch auf Vollständigkeit. Dies gilt insbesondere für das Feld "Inhalt". Teil 2 des Leitfadens wird eine ausführliche Liste der Abkürzungen ent–halten.

Es wird keine Unterscheidung zwischen Groß– und Kleinbuchstaben gemacht. Umlaute sollten nicht verwendet werden, da nicht jedes CAD–System Umlaute im Layernamen verarbeiten kann. Als einziges Sonderzeichen ist der Unterstrich '_' vorgesehen. Andere Sonderzeichen können sowohl bei Layernamen als auch bei Dateinamen zu Problemen führen.

Der Unterstrich ist als Trennzeichen und als Füllzeichen verwendbar.

Bei den Feldern mit genau definierter Länge muß ein Leerzeichen mit dem Füllzeichen belegt werden, da ein Leerzeichen immer Namensende bedeutet.

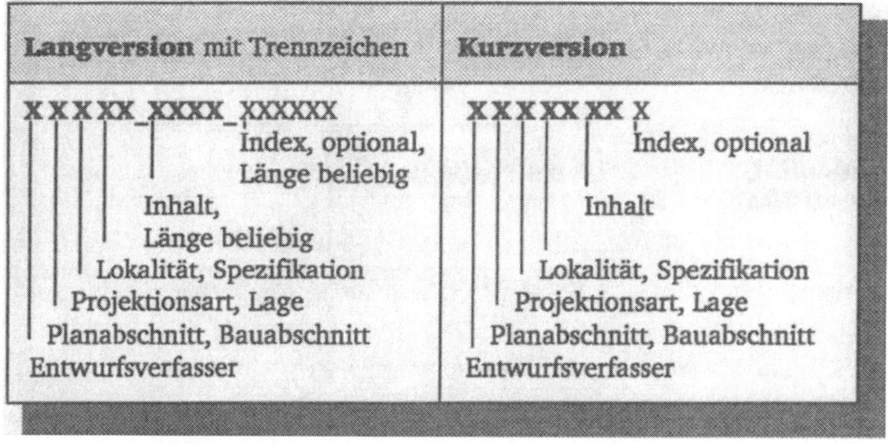

Bild 6.3 Lang– und Kurzversion der Layerbenennung

6.6.1. Entwurfsverfasser

Mit diesem Feld wird der Autor und 'Besitzer' des Planes oder der Zeichnung identifiziert.

Diese Angabe im Layernamen ist notwendig, damit der Layerersteller erkennbar bleibt, wenn ein Plan mit Layern verschiedener Fachplaner zusammengestellt wird. Mit genau dieser Arbeitsweise kann Zeichenarbeit gespart und vor allem Aktualität des Planinhaltes erreicht werden.

Wichtig wird die Information über den 'Besitzer' eines Planes bei der Vergabe von Zugriffsrechten, d.h. der Erlaubnis, eine Zeichnung nur lesen oder auch verändern zu dürfen. Zugriffsrechte sind notwendig, wenn gleichzeitig mehrere Planungsbeteiligte an einem Projekt mit den gleichen Layern arbeiten.

Zur Darstellung des Planerstellers ist ein einstelliges Feld ausreichend. Es besteht aus einem Zeichen, in der Regel dem Anfangsbuchstaben der Art des Planungsbüros.

Abk.	Entwurfsverfasser	Abk.	Entwurfsverfasser
A	Architektur	O	–
B	Bauherr	P	–
C	'C'ommunikationstechnik	Q	Ämter, Behörden
D	–	R	Wasserbau
E	Elektro	S	Sanitär, Sprinkler
F	Freiflächenplaner	T	Tragwerk
G	Gutachter	U	Tiefbau
H	Heizung	V	Vermessung
I	Sicherheitstechnik	W	Wegebau, Verkehrsplaner
J	–	X	Sonderplaner
K	Klimatechnik	Y	Sonderplaner
L	Lüftung	Z	Sonderplaner
M	Maschinentechnik	0 – 9	–
N	Nutzer		

Bild 6.4 Abkürzungen zur Kennzeichnungen des Entwurfsverfassers

6.6.2. Lokalität, Planabschnitt

Große Projekte werden in der Regel in Planabschnitte aufgeteilt, da ein Gebäude nicht auf einem Plan dargestellt werden kann. Diese Angabe muß demzufolge auch im Layer möglich sein.

Zur Darstellung ist ein einstelliges Feld ausreichend. Das Feld kann mit einer beliebigen Ziffer oder einem beliebigen Buchstaben belegt werden.

Auch wenn keine Aufteilung in Planabschnitte notwendig ist, muß das Feld belegt werden, z.B. mit dem Füllzeichen '_'. Das Ausfüllen des Feldes ist wichtig, damit die nachfolgenden Felder immer an der gleichen Stelle im Namen stehen.

Zur besseren Lesbarkeit des Namens wird empfohlen, eine Ziffer zu wählen, da diese sich vom vorangehenden Buchstaben des Entwurfsverfassers und vom nachfolgenden Buchstaben der Projektionsart abhebt.

6.6.3. Projektionsart, Lage

In diesem Feld wird die Projektionsart der Zeichnung, z.B. Grundriß oder Ansicht angegeben.

Mit der Definition einer Projektion, d. h. +X, +Y oder +Z bzw. –X, –Y oder –Z, kann keine Unterscheidung zwischen z. B. Isometrie und Zentralperspektive gemacht werden. Auch eine Wandabwicklung kann mit diesem Schema nicht erfaßt werden, da bei einer Wandabwicklung orthogonale und gegenüberliegende Wände nebeneinander dargestellt werden.

Dieses Feld soll zusätzlich zusammen mit dem Feld für die Lokalität eine Kennzeichnung für übergreifende Zeichnungselemente (Planrahmen etc.) aufnehmen.

Für die Projektionsart ist ein einstelliges Feld ausreichend.

Vergeben sind Buchstaben in Anlehnung an den Anfangsbuchstaben der Projektionsart.

Abk.	Projektionsart, Lage	Abk.	Projektionsart, Lage
A	Ansicht	O	–
B	–	P	Perspektive
C	–	Q	–
D	Deckenspiegel	R	Draufsicht
E	–	S	Schnitt (vertikalschnitt)
F	Fensterplan	T	Detaildarstellung
G	Grundriß	U	Untersicht
	(Horizontalschnitt)	V	Verteilerplan
H	–	W	Wandabwicklung,
I	Isometrie		Dachflächenabwicklung
J	–	X	Sonderprojektion
K	Konzept–, Schemaplan	Y	Sonderprojektion
L	Lageplan	Z	übergreifende
M	–		Zeichnungselemente
N	Ausschnitt	0 – 9	–

Bild 6.5 Abkürzungen zur Kennzeichnung der Projektionsart und der Lage

6.6.4. Lokalität, Spezifikation

In diesem Feld wird angegeben, wo der Inhalt des Layers sich im Gebäude befindet bzw. welche Schnittnummer oder Detailnummer dargestellt ist.

Dieses Feld wird auch für die Definition zeichnungsübergreifender Planelemente verwendet. Zwei Stellen reichen aus, um die Lokalität zu beschreiben. Der Inhalt ist beliebig.

In den Bildern 6.6 und 6.7 sind häufig vorkommende Beispiele angegeben.

Abk.	Lokalität, Spezifikation
01 – 99	Geschoßbezeichnung, Ebene
KG, UG	
EG	
OG	
DG	
U0 – U9	Untergeschosse
Z0 – Z9	Zwischengeschosse
ZG	
GG	Geschoßübergreifend
AA, BB	Schnittbezeichnung
01 – 99	
NO, SU	Ansichtsrichtung
WE, OS	
01 – 99	Detailnummer

Bild 6.6 Abkürzungen zur Kennzeichnung der Lokalität und Spezifikation

Abk.	übergreifende Zeichnungselemente
PB	PlanBeschriftung
PE	PlanEinteilung
PG	GesamtPlan
PK	PlanKopflogo
PL	PlanLegende
PR	PlanRahmen
PZ	sonstige PlanergänZungen

Bild 6.7 Abkürzungen zur Kennzeichnung übergreifender Planelemente

6.6.5. Inhalt

Mit diesem Teil des Layernamens wird definiert, was auf dem Layer dargestellt ist. Damit ist dies das wichtigste und vielfältigste Feld. Das Grundprinzip sollte sein, daß Elemente zusammengefaßt werden, die man bei der CAD–Bearbeitung einer Zeichnung gemeinsam sichtbar schalten möchte. Dies kann je nach Zeichnungsart und Bearbeitungsziel unterschiedlich sein.

Bei Haustechnikplänen werden Symbole meistens zusammen mit der zugehörigen Bezeichnung auf einen Layer gelegt. Für umfangreiche Architektenzeichnungen werden in der Regel die Bemaßung und die Beschriftung auf andere Layer gelegt als die Gebäudegeometrie. Bei einer Detailzeichnung soll dagegen alles auf einem Layer abgespeichert werden.

Nicht nur der Umfang einer Zeichnung, sondern auch das Bearbeitungsziel ist entscheidend. Im Architekturbüro werden z.B. Rohbauwände und leichte Trennwände auf getrennten Layern abgespeichert. Der Elektroprojektant möchte aber die gesamte Gebäudegeometrie vom Architekten als Grundlage für seine Leitungsführungspläne verwenden und nicht jedesmal mehrere Layer aufrufen müssen. Der Statiker hingegen möchte vielleicht verschiedene Layer für tragende und nicht tragende Wände, und der Bauherr möchte für die Bestandspläne eventuell eine Trennung der Layer nach Nutzungsarten der Räume.

All diesen unterschiedlichen Anforderungen kann die Layerstruktur nicht gerecht werden. Sie stellt also einen Kompromiß dieser verschiedenen Anforderungen dar.

Für die Gliederung des Feldes ”Inhalt” kann keine vorhandene Bausystematik direkt übernommen werden.

Die Abkürzungen für den Inhalt werden getrennt für die einzelnen Fachbereiche in Bildern dargestellt. Dabei gibt es eine Kurz– und eine Langversion. Die Kurzversion ist zweistellig. Die Langversion ergibt sich durch eine Aneinanderreihung von zwei Abkürzungen der Kurzversion.

Z. B. gibt es in der Kurzversion für einen Kellergeschoßgrundriß einen Layer mit Fundamenten (FU), einen mit konstruktiven Bauteilen (KO), einen mit Treppen (TR) und einen Layer mit Aussparungen (SP). In der Langversion gibt es diese Layer ebenso, aber auch den Layer SPKO (Aussparungen in konstruktiven Bauteilen).

Die in den folgenden Bildern dargestellten Abkürzungen erheben wieder keinen Anspruch auf Vollständigkeit.Sie werden kontinuierlich um weitere Bereiche ergänzt.Vorläufig sind die Abkürzungen für den Bereich Architektur am umfangreichsten, aber auch noch nicht vollständig. Für die Haustechnik gibt es zum jetzigen Zeitpunkt nur einen Vorschlag für eine grobe Untergliederung.

Abk.	Inhalt Architektur	Abk.	Inhalt Architektur
DA	Dachkonstruktion	EI	Einrichtung, Möbel,
DE	waagerechte Bauteile,		Sanitär, Maschinen, etc.
	Decken, Träger, Unter–	MA	Maschinen
	züge, etc.	MO	Möbel
FA	Fassade	SA	Sanitäreinrichtung
FE	Fenster		
FU	Fundamente	AB	Abbruch
KO	Konstruktive Bauteile,	BE	Bestand
	Wände und Stützen	AU	Aussen
SE	Schutzelemente (Brüstun–	IN	Innen
	gen, Geländer, Sonnen–	TB	tragendes Bauteil
	schutz, Abdeckungen)	NT	nicht tragendes Bauteil
ST	Stützen		
TR	Treppen	BS	Brandschutzmaßnahmen
RA	Rampen	ME	Mengenermittlung
TU	Türen, Tore		
UB	Überzüge	RI	Rauminformation
UZ	Unterzüge, Träger,	BI	Brandschutzinformationen
	Balken	OI	Organisationsinformationen
VM	Vormauer		
WA	Wand allgemein	AA	Alles
WL	leichte Trennwände	ZZ	Sonstiges
BK	Bekleidung der Bauteile		
BL	Beläge		
ET	Einbauteile		
SP	Aussparungen		
UK	Unterkonstruktion		

Bild 6.8 Abkürzungen zur Kennzeichnungen des Inhaltes im Bereich Architektur

In der Tragwerksplanung und in der Architektur wird vielfach mit den gleichen Bauteilen gearbeitet. Dadurch ergeben sich zwangsläufig Überschneidungen der Layerinhalte. Viele Layerbezeichnungen sind daher für beide Bereiche gültig. Dies ermöglicht es dem Architekten und dem Tragwerksplaner, mit den gleichen Layern zu arbeiten. Ein unnötiges Hin– und Herkopieren wird vermieden.

Viele Layer des Tragwerksplaners wie die Layer für Bewehrung, Spannrichtungen oder Finite Elemente werden nur in dem Büro für Tragwerksplanung verwendet. Sie werden nicht für eine weiterführende Planung ausgetauscht. Deswegen sind sie in der in Bild 6.9 dargestellten Übersicht nicht berücksichtigt.

Abk.	Inhalt Tragwerk	Abk.	Inhalt Tragwerk
DA	Dachkonstruktion	ET	Einbauteile
DE	waagerechte Bauteile, Decken, (eventuell incl. Träger, Unterz., etc.)	SP	Aussparungen
		EI	Einrichtung, Möbel, Sanitär, Maschinen, etc.
FA	Fassade		
FE	Fenster	MA	Maschinen
FU	Fundamente		
KO	Konstruktive Bauteile, Wände und Stützen	AB	Abbruch
		BE	Bestand
SE	Schutzelemente(Brüstungen, Geländer, Sonnenschutz, Abdeckungen)	AU	Aussen
		IN	Innen
		TB	tragendes Bauteil
ST	Stützen	NT	nicht tragendes Bauteil
TR	Treppen		
RA	Rampen	BS	Brandschutzmaßnahmen
TU	Türen, Tore	BI	Brandschutzinformationen
UB	Überzüge	AA	Alles
UZ	Unterzüge, Träger, Balken	ZZ	Sonstiges
UK	Unterkonstruktion		

Bild 6.9 Abkürzungen zur Kennzeichnungen des Inhaltes im Bereich der Tragwerksplanung

Abk.	Inhalt Haustech.(HLS)	Abk.	Inhalt Haustech.(HLS)
GR	Geräte, Apparate, etc.	WR	Wasser
IS	Isolationen	WB	besonders belastetes
LE	Leitungen, Netze		Abwasser
TS	Trassen	WK	Kaltwasser
ZA	Zentrale Anlagen	WL	Löschwasser
		WS	Schmutzwasser
HZ	Heizung	WT	Trinkwasser
HK	Kondensat	WU	Kühlwasser
HR	Rücklauf	WW	Warmwasser
HU	Zirkulation		
HV	Vorlauf	DL	Druckluft
		GA	Gas
LF	Lüftung	OL	Oel
LA	Abluft		
LU	Umluft	BS	Brandschutzmaßnahmen
LZ	Zuluft	AA	Alles
		ZZ	Sonstiges

Bild 6.10 Abkürzungen zur Kennzeichn. des Inhaltes in der Haustechnik

Abk.	Inhalt Elektrotechnik	Abk.	Inhalt Elektrotechnik
GR	Geräte, Apparate, etc.	VB	Brüstungskanal
IS	Isolationen	VF	Fußbodenkanal
LE	Leitungen, Netze	VK	Kabelkanal
TS	Trassen	VR	Rohrverlegung
ZA	Zentrale Anlagen		
		BZ	Blitzschutz
BU	Beleuchtung	ED	Erdung
DN	Datennetz	HS	Hochspannung
FN	Funkanlage	MS	Mittelspannung
FR	Feuermeldeanlage	SW	Schwachstrom
NS	Notstromanlage	SS	Starkstrom
TE	Telefonanlage		
TV	Fernsehen, Rundfunk	BS	Brandschutzmaßnahmen
		AA	Alles
VA	Verlegungsart	ZZ	Sonstiges

Bild 6.11 Abkürz. zur Kennzeichnung des Inhaltes in der Elektrotechnik

Abk.	Inhalt Freiflächen	Abk.	Inhalt Freiflächen
BO	Baugrenzen, Baulinien, Abstandsflächen	ER	Erschließung (Wasser, Abwasser, Strom, Gas, Verkehr, etc.)
BG	Begrünung		
BW	Bauwerke	AW	Abwasser
GE	Geländetopographie	EL	Elektrizität
GG	Grundstücksgrenzen	FW	Fernwärme
PF	Parkflächen, Stellflächen	GA	Gas
PP	Pflanzplan	KM	Kommunikation (Post)
		TW	Trinkwasser
BS	Brandschutzmaßnahmen	VW	Verkehrswege
AA	Alles		
ZZ	Sonstiges		

Bild 6.12 Abkürzungen zur Kennz. des Inhaltes in der Freiflächenpl.

Abk.	Inhalt Informationslayer	Abk.	Inhalt Planergänzungen
IA	Änderungsvorschlag, Bemerkungen	A0	DIN–A0 Zeichnungsrahmen
Abk.	**Inhalt Zeichnungsergänzungen**	A1	DIN–A1 Zeichnungsrahmen
		A2	DIN–A2 Zeichnungsrahmen
ZH	Hilfslinien bei Planbearbeitung, nicht Planbestandteil	A3	DIN–A3 Zeichnungsrahmen
ZL	Linien (Schnittlinien, etc.)	A4	DIN–A4 Zeichnungsrahmen
ZM	Bemaßung	A5	DIN–A5 Zeichnungsrahmen
ZR	Raster (Ausbau, Konstruktion, Haupt–, Neben–)		
ZS	Beschriftung		
ZT	Textur		
RB	allgemeine Raumbeschriftung		

Bild 6.13 Abkürz. zur Kennz. von Inhalten, die für alle Fachber. gelten

6.6.6. Index (Wahlweise)

In dem Feld "Index" sollen verschiedene Planstände unterschieden werden.
Das Feld kann verwendet werden als Datum, Phase, Version, Variante oder als
Index. Zur Darstellung ist also ein maximal sechsstelliges alphanumerisches
Feld notwendig. In der Kurzversion – dort ist ja der gesamte Layername nur
acht Stellen lang – ist nur eine Stelle für den Index verfügbar. Das Feld kann
beliebig belegt werden.

6.6.7. Beispiele

Kurzversion:

A_G01KO
    Architektenlayer
    kein besonderer Planabschnitt
    Grundriß
    1.OG
    Konstruktion
    kein Index

A3ANOZS
    Architektenlayer
    3. Planabschnitt
    Ansicht
    von Norden
    Beschriftung
    kein Index

E_T17BZC
    Elektrolayer
    kein besonderer Planabschnitt
    Detail 17
    Blitzschutz
    Variante C

F_ZPBPP
    Freiflächenplanung
    kein besonderer Planabschnitt
    zeichnungsübergreifendes Element
    Plankopfbeschriftung
    Pflanzplan
    kein Index

Langversion:

A_G01_KOAU

Architektenlayer
kein besonderer Planabschnitt
Grundriß
1.OG
Konstruktion/Außen
kein Index

A3ANO_ZSBE_281191 Architektenlayer
3. Planabschnitt
Ansicht
von Norden
Beschriftung des Bestandes
Stand 28.11.91

E_T17_BZ_C

Elektrolayer
kein besonderer Planabschnitt
Detail 17
Blitzschutz
Variante C

F_ZPB_PP

Freiflächenplanung
kein besonderer Planabschnitt
zeichnungsübergreifendes Element
Plankopfbeschriftung
Pflanzplan
kein Index

F7K_ERVWZM_03

Freiflächenplanung
7. Bauabschnitt
Konzeptplan
keine Lokalität, Spezifikation
Erschließung Fernwärme Beschriftung
Index 03

7. Arbeitsorganisatorische Absprachen

7.1. Warum arbeitsorganisatorische Absprachen?

CAD ist mehr als ein "elektronisches Reißbrett". Um die Möglichkeiten dieses Planungsinstrumentes voll auszuschöpfen, muß die Arbeit damit gut organisisert sein. Eine wohldurchdachte Layerorganisation ist dabei nur ein Aspekt von vielen. Sollen mehrere CAD–Anwender ihre Arbeitsergebnisse für ein gemeinsames Projekt austauschen, so müssen die jeweiligen Arbeitsorganisationen zusätzlich untereinander abgestimmt werden. Es ist also ein noch höheres Maß an Organisation durch Absprachen erforderlich.

Bevor wir diese Absprachen etwas ausführlicher schildern, wollen wir uns einige der Vorteile des CAD–Datenaustausches vergegenwärtigen.

- Wie bereits in den vorangegangenen Kapiteln beschrieben wurde, bietet der CAD–Datenaustausch wesentlich mehr Möglichkeiten als die reine Versendung von Papierplänen und Mutterpausen. Sie sind eine Art hochstrukturierter Mutterpausen, bei denen Planbestandteile sehr flexibel ein– und ausgeblendet werden können.
- Bei einer Übertragung über Telefonkommunikationsleitungen ergibt sich ein Zeitvorteil, der bei den heutigen Bauzeitvorgaben immer wichtiger wird.
- Die Versendung einer 'elektronischen Mutterpause', mit der möglichst viele Planungsbeteiligte arbeiten, ergibt für den Änderungsdienst einen Zeitvorteil und vor allem eine Reduzierung der Informationsverluste.

Diese Vorteile können nur genutzt werden, wenn rechtzeitig Absprachen zu folgenden Bereichen getroffen werden:

- Die Absprachen sollten Vereinbarungen über die Aufteilung von Layerinhalten enthalten, damit möglichst viele Layer vollständig übernommen werden können und damit die Planerstellung vereinfacht und vereinheitlicht wird.
- Die Vereinheitlichung von Darstellungsformen hat zusätzlich zu den eben genannten Zielen noch den Vorteil, konvertierungsbedingte Probleme zu

umgehen (s. Kap. 4.) und ein einheitliches Layout der Pläne zu gewährleisten.

- Des weiteren sind Absprachen über den Änderungsdienst notwendig, d. h. die Art und Weise, mit der ein neuer Planstand versandt und verarbeitet wird. Gerade in diesem Bereich läßt sich durch die Möglichkeit, nur die Änderung und nicht das gesamte Datenvolumen zu verschicken, eine effektive Weiterverarbeitung erreichen.

- Auch Darstellungsbereiche können abgsprochen werden. Dies eröffnet die Möglichkeit, durch Zuweisung bestimmter Bereiche in einer Zeichnung an die Planungsbeteiligten, Überlappungen und daraus folgende Verschiebungen von Zeichnungsbestandteilen zu vermeiden.

7.2. Darstellungsinhalte und –formen

7.2.1. Überblick über die Bereiche der Absprachen

Die Vorgaben für Darstellungsinhalte und –formen vermindern Probleme bei der Konvertierung der Daten von einem Datenformat in ein anderes, da sie Darstellungen beinhalten, die in vielen CAD–Programmen möglich sind.

Diese Vorgaben sind außerdem die Grundlage für ein einheitliches Layout bei der Verwendung von Daten verschiedener Planer in einem Plan und erhöhen somit die Lesbarkeit der Pläne.

Vorgaben für eine einheitliche Struktur bei der Datenorganisation ermöglichen eine effektivere Bearbeitung der CAD–Daten durch die Planersteller.

Für drei Darstellungsbereiche sollten Vereinbarungen getroffen werden.

Der erste Bereich betrifft die Darstellungsmöglichkeiten von Linientypen, Schriftfonts, Schraffuren und von Bemaßungen.

Der zweite Bereich spricht die Vereinheitlichung von Darstellungsinhalten an, d. h. er betrifft Vorgaben für Symbole und Sinnbilder in der Bauplanung.

Der dritte Bereich gilt der Organisation der Darstellungsinhalte, d. h. der Layerverwaltung und der Verwendung von Bibliotheksinhalten und von alphanumerischen Attributen.

7.2.2. Linien, Schriftfonts, Schraffuren und Bemaßung

Die bisherigen Erfahrungen beim CAD–Datenaustausch mit STEP–2DBS aber auch mit anderen Formaten haben gezeigt, daß unbefriedigende Übertragungsergebnisse in vielen Fällen ihre Ursachen in der unterschiedlichen Funktionalität der beteiligten CAD–Systeme haben. Oft sind es elementare Unterschiede z. B. der zur Verfügung stehenden oder verwendeten Schraffuren, Linientypen, Strichstärken und Schriftarten, die einen erfolgreichen CAD–Datenaustausch beeinträchtigen oder gar verhindern.

In den folgenden Abschnitten wird eine Grundmenge an CAD–Funktionen beschrieben, die von der Mehrzahl der marktüblichen CAD–Systeme unterstützt wird. Beschränkt sich der Planer auf diese Funktionen, so erhält er einen vergleichsweise zuverlässigen CAD–Datenaustausch dieser Elemente.

Strichstärken. In Bild 7.1 sind die in der DIN 1356 festgelegten Strichstärken angegeben, zusammen mit einer Empfehlung, die Strichstärke 0.18 mm nicht zu verwenden.

Nr.	Strichstärke
0	0.18 mm 1)
1	0.25 mm
2	0.35 mm
3	0.50 mm
4	0.70 mm
5	1.00 mm
6	1.40 mm

Bild 7.1 Strichstärken nach DIN 1356 und Empfehlung für zu verwendende Strichstärken

1) Bei der Strichstärke 0.18 mm ergeben sich eine Fülle von Problemen bei Stiftplottern. Häufig wird das Papier angerissen oder Stifte trocken aus. Deswegen sollten nur 6 Stifte mit den oben angegebenen Strichstärken verwendet werden.

Linientypen. Es sollen nur die in Bild 7.2 angegebenen zehn Linientypen verwendet werden. Sie enthalten alle in der DIN 1356 angegebenen geradlinigen Linientypen.

Die Bedeutung der Parameter A, B, C, D, E, F ist in Bild 7.3 angegeben. Sie geben die Strecken an, die abwechselnd mit gesenktem und erhobenem Stift gezeichnet werden. Die Angaben sind in mm. Durch diese Angaben wird das Strichmuster definiert, das wiederholt wird.

Das Aussehen der Linientypen ist in Bild 7.4 angegeben.

Nr.	Bezeichnung	A	B	C	D	E	F
1	Voll						
2	Unsichtbar						
3	Strich–kurz	2.0	1.0				
4	Strich	4.0	1.5				
5	Strich–lang	6.0	2.0				
6	Strich Punkt	7.0	1.0	1.0	1.0		
7	Strich Punkt Punkt	7.0	1.0	1.0	1.0	1.0	1.0
8	Strich Punkt–lang	15.0	2.0	2.0	2.0		
9	Strich Punkt Punkt–lang	15.0	2.0	2.0	2.0	2.0	2.0
10	Punkt	0.5	1.5				

Bild 7.2 Empfohlene Linientypen

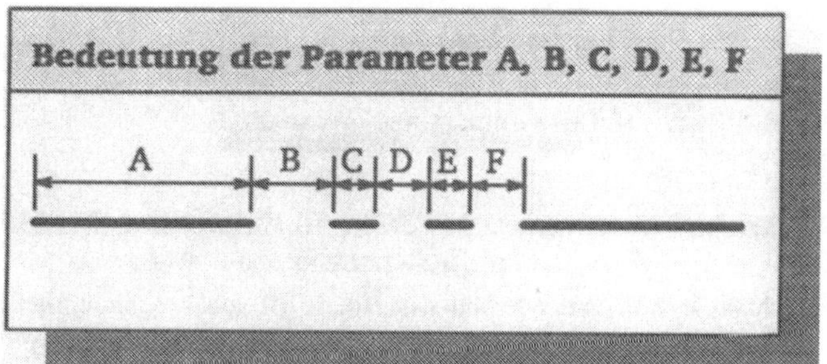

Bild 7.3 Bedeutung der Parameter aus Bild 7.2

Nr.	Bezeichnung	Linientyp
1	Voll	
2	Unsichtbar	
3	Strich–kurz	
4	Strich	
5	Strich–lang	
6	Strich Punkt	
7	Strich Punkt Punkt	
8	Strich Punkt–lang	
9	Strich Punkt Punkt–lang	
10	Punkt	

Bild 7.4 Aussehen der empfohlenen Linientypen

Linienfarben. Es sollen nur die in Bild 7.5 angegebenen 8 Farben verwendet werden. Diese Farben werden von der überwiegenden Mehrzahl der Farbbildschirme und der grafischen Grundsoftware unterstützt.

Nr.	Bezeichnung
1	Schwarz
2	Rot
3	Grün
4	Blau
5	Gelb
6	Magenta
7	Cyan
8	Weiß

Bild 7.5 Empfohlene Linienfarben

Die Zusammensetzung dieser Farben aus den Grundfarben Rot, Grün und Blau ist in den einschlägigen Grafikstandards wie dem Grafischen Kernsystem (GKS) oder dem Computer Graphics Metafile (CGM) identisch festgelegt. Diese Farben erscheinen deswegen, abgesehen von geringfügigen Abweichungen, auf allen Bildschirmen gleich.

Beschriftung.

Normschrift. Es wird empfohlen, die in Bild 7.6 angegebenen Schriften bzw. Textfonts zu verwenden.

Nr.	Normschriften
1	Senkrechte Normschrift nach DIN 6776 bzw. ISO 3098
2	Kursive Normschrift nach DIN 6776 bzw. ISO 3098

Bild 7.6 Empfohlene Normschriften bzw. genormte Textfonts

Es dürfen nur die in DIN 6776 angegebenen Zeichen verwendet werden. Es sind entsprechend DIN 6776 folgende Schrifthöhen h zulässig:

2,5 mm, 3,5 mm, 5 mm, 7 mm, 10 mm.

Als Schrifthöhe h gilt dabei die Höhe der Großbuchstaben.
Die Strichstärke soll entsprechend DIN 6776 1/10 der Schrifthöhe h betragen.
Bei der kursiven Normschrift beträgt die Neigung der Buchstaben entsprechend DIN 6776 15 Grad
Der Text soll von links nach rechts geschrieben werden, und die Neigung des Textes soll zwischen +90 Grad und –90 Grad schwanken.
Selbstverständlich darf der Text nur mit Vollinien geschrieben werden.

Andere Schriften. Werden andere Schriften als die Normschrift nach DIN 6776 verwendet, so wird in vielen Fällen das empfangende CAD–System nicht über diese Schrift verfügen. Es wird also eine andere Schrift verwendet werden als die beim sendenden CAD–System ursprünglich eingesetzte.

Um in diesen Situationen Überschreibungen zu vermeiden, sollen nur Schriften verwendet werden, die dasselbe Verhältnis Breite/Höhe der Buchstaben aufweisen wie die Normschrift nach DIN 6776. Auch für andere Schriften, die im Rahmen eines CAD–Datenaustausches verwendet werden, gilt also das in der Norm angegebene Seitenverhältnis der Buchstaben.

Die in den vorangegangenen Abschnitten angegebene Begrenzung der zulässigen Buchstabenhöhen entfällt bei der Verwendung anderer Schriften ebenso wie die dort angegebene Beschränkung der Strichstärken. Die restlichen angegebenen Einschränkungen gelten jedoch hier auch.

Entscheidend für einen funktionierenden Datenaustausch ist nicht der Schriftfont, d.h. die Darstellung der Buchstaben und Ziffern, sondern der Platzbedarf der einzelnen Zeichen. Es geht keine Information verloren, wenn derselbe Inhalt am selben Platz in der Zeichnung mit einem anderen Schrifttyp dargestellt wird. Bei einer Mischung von Dateiinhalten von unterschiedlichen Planungsbeteiligten erleichtert aber die Wahl einer einheitlichen Schrift die Lesbarkeit des Planes.

Schraffuren. Es sollen die in Bild 7.7 dargestellten Schraffuren verwendet werden. Sie umfassen die in der DIN 1356 angegebenen geradlinigen Schraffuren. Diese Schraffuren können unter beliebigem Winkel angeordnet werden. Üblich ist ein Winkel von 45 Grad.

Eine Fläche darf dabei nur einmal mit einer Schraffur gefüllt werden. Eine gekreuzte Schraffur darf also nicht dadurch erzeugt werden, daß man einer Fläche in zwei getrennten Schraffurzuweisungen zunächst die Schraffur in der einen Richtung und dann die Schraffur in der anderern Richtung zuweist.

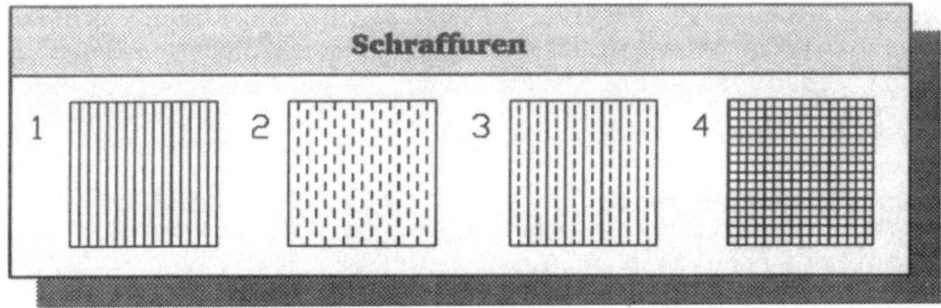

Bild 7.7 Empfehlungen für Schraffuren

Bemaßung.

Maßbegrenzungen. Als Maßbegrenzungen sollen Kreise und Schrägstriche entsprechend DIN 1356 verwendet werden (s. Bild 7.8). Die am häufigsten in CAD–Systemen verfügbare Maßbegrenzung ist der Schrägstrich.

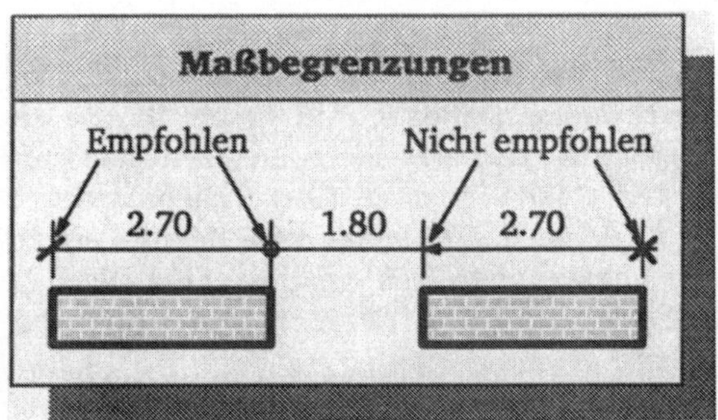

Bild 7.8 Empfehlung für Maßbegrenzungen

Die beiden nicht empfohlenen Maßbegrenzungen werden teilweise von CAD–Systemen nicht unterstützt. Werden sie vom sendenden CAD–System verwendet, so kann es beim CAD–Datenaustausch im empfangenden CAD–System zu Umsetzungen, z. B. von Pfeil in Schrägstrich, kommen.

Maßbilder. Mit STEP–2DBS können mit der Version 1.0 als Maßbilder nur Längenmaße und Kettenmaße zwischen unterschiedlichen CAD-Systemen ausgetauscht werden. Dabei kann auch eine vorhandene Assoziativität zwischen Bemaßung und Geometrie übertragen werden.
Andere Bemaßungsbilder wie Radienbemaßung oder Winkelbemaßung werden zwar als Bild korrekt übertragen, können jedoch nicht von den

entsprechenden Bemaßungsteilen des empfangenden CAD–Systems in dieser Bedeutung erkannt und gespeichert werden. Aus einer Winkelbemaßung werden so bei der Übertragung Text und Linien, die wie eine Winkelbemaßung aussehen.

Geometrische Elemente

Kreise und Ellipsen. STEP–2DBS bietet die Möglichkeit, Vollkreise, Vollellipsen, aber auch Kreis– und Ellipsenbögen zu übertragen. Vollkreise und Vollellipsen sollten auch als solche erzeugt und übertragen werden und nicht als Kreis– bzw. Ellipsenbögen mit Öffnungswinkeln von 0 bis 2π bzw 0 bis 360 Grad.

Polygone und Polygonzüge. Polygone und Polygonzüge sollten maximal 4000 Punkte enthalten. Größere Polygone bzw. Polygonzüge sollten aufgetrennt werden. Sie können zu Gruppen zusammengefasst werden und werden so wieder ein zusammenhängendes Gebilde. Dabei sind allerdings die Obergrenzen für Gruppen zu beachten.

Gruppen. Fast alle marktüblichen CAD–Systeme bieten die Möglichkeit, Linien zu Liniengruppen zusammenzufassen und sie als Gruppe zu plazieren, zu kopieren, zu vergrößern, zu verkleinern etc. Die Bezeichnung für diese Funktionalität ist von CAD–System zu CAD–System unterschiedlich. Zelle, Block, Makro und Segment sind beispielsweise Begriffe marktüblicher CAD–Systeme, die eine zwar nicht identische, aber doch sehr ähnliche Funktionalität bezeichnen. Bei STEP–2DBS wird diese strukturbildende Funktionalität Gruppe genannt.

Um Gruppen zuverlässig übertragen zu können, sollte die folgende Regel bei ihrer Erzeugung eingehalten werden:
- Gruppen sollten jeweils maximal 16000 Einzelelemente wie Linien, Kreisbögen etc. enthalten.

7.2.3. Symbole und Sinnbilder

Wird mit der ”elektronischen Mutterpause” gearbeitet, sind Absprachen über die zu verwendenden Symbole und Sinnbilder sowie Schraffuren und Texturen sinnvoll, um eine einheitliche Plandarstellung zu erzielen.

Die Darstellungsarten sollten für verschiedene Maßstäbe abgesprochen werden.

Die Einschränkung auf eine einheitliche Darstellung ist nur für Bereiche notwendig, die von mehreren Beteiligten bearbeitet werden. Bei einem Einrichtungsplan, in dem die Möblierung nur vom Architekten eingetragen wird, oder bei einem Installationsplan, in dem die Wasserversorgung nur vom Sanitärplaner eingetragen wird, ist kein Abstimmungsbedarf vorhanden.

Allgemein ist aber zu sagen, daß eine einheitliche Darstellung in möglichst vielen Bereichen das Lesen und Bearbeiten von Bauplänen erheblich erleichtert.

Notwendig ist in der Regel eine Absprache über Aussparungsdarstellungen, da diese vom Architekten und von den verschiedenen haustechnischen Disziplinen geplant und gezeichnet werden.

Für Aussparungspläne wird eine Darstellung nach DIN 1356 empfohlen.

Ein weiterer Abstimmungsbedarf besteht bei der Darstellung von Werkstoffen, d.h. vor allem bei Schraffuren und Texturen. In diesem Bereich treten mehrere Probleme auf. Zum einen sind die DIN–Vorgaben noch nicht den Anforderungen der CAD angepaßt, und zum anderen gibt es die bereits geschilderten Probleme bei Datenkonvertierungen. Vorläufig sollten daher die Vorschläge für Schraffuren aus Abschnitt 7.2.2 übernommen werden.

7.2.4. Layer, Bibliotheken und Attribute

Die Organisation bzw. Struktur der CAD–Daten ist ein wesentlicher Bestandteil der Absprachen für einen effizienten Datenaustausch. Nur bei einer ähnlichen Gliederung der Daten ist eine erfolgreiche und zeitsparende Weiterbearbeitung der Zeichnungen im empfangenden CAD–System gewährleistet.

Für die Strukturierung der Dateien werden Gruppen und Layer (s. Kap. 6) verwendet. Häufig gibt es unterschiedliche Dateien für Projektdaten und für Bibliotheken.

Die Symbole werden in der Regel in Bibliotheken gespeichert, auf die bei der Zeichnungserstellung zugegriffen wird. Für den Datenaustausch muß geklärt werden, ob die Bibliotheken bzw. Teile der Bibliotheken mitversendet werden oder ob diese Möglichkeit der Reduzierung des Datenvolumens nicht verwendet wird. Die dabei zu beachtenden Grundsätze sind in Abschnitt 3.2.2 geschildert. Diese Frage greift auch stark in Urheberrechte ein und sollte vertraglich vereinbart werden (s. Abschnitt 5.4).

Für die Strukturierung von Layern und für die Namensgebung von Layern gibt es im Kapitel 6 Empfehlungen. Anhand dieser Struktur sollten die Planungsbeteiligten sich einigen, welche Inhalte auf welchen Layern gespeichert werden.

Der wesentliche Gesichtspunkt ist die weitere Bearbeitbarkeit der elektronischen Mutterpause, d.h. die Möglichkeit, eine empfangene CAD–Zeichnung mit möglichst geringem Aufwand auf die Inhalte reduzieren zu können, die für die eigene Planung wesentlich sind. Hierbei sind je Zeichnung die Darstellung der Gebäudegeometrie, der verwendeten Sinnbilder, der Bemaßung, der Beschriftung und die Darstellung der Zeichnungsergänzungen (Schnittlinien, Detailhinweise, etc.) zu untersuchen. Nicht vergessen werden sollten die Elemente für die Plangestaltung.

Der Versender der Mutterpausen ist in der Regel der Architekt, der die Grundlage für andere Gewerke plant und häufig auch der Koordinator zwischen allen Planungsbeteiligten ist.

Die Gebäudegeometrie wird von der Haustechnik im allgemeinen als Gesamtheit und von dem Statiker getrennt nach tragenden und nicht tragenden Bauteilen gewünscht.

Die Sinnbilder, z.B. für Möblierung oder für haustechnische Installationen, sollten auf eigenen Layern liegen, damit sie jederzeit weggenommen oder hinzugefügt werden können.

Bei der Bemaßung und bei der Beschriftung muß differenziert werden, welcher Teil der Maße bzw. Texte für alle Beteiligten verwendbar ist und welcher Teil ausschließlich für die Plansätze bestimmter Gewerke maßgeblich ist. Entsprechend sind die Layer zu belegen. Z.B. ist die Bemaßung und Beschriftung von Gebäudeachsen bei jedem Gewerk notwendig, wohingegen die Bemaßung und Beschriftung von Aussparungen oder Einbauteilen nur in Schlitz-, Schal- und Bewehrungsplänen notwendig ist.

Die Zeichnungsergänzungen, z.B. die Schnittlinien, Detailhinweise und Zeichnungstitel, werden meistens pro Plansatz eingegeben und erhalten somit auch eigene Layer.

Bei den Elementen der Plangestaltung ist insbesondere eine Differenzierung im Plankopf wünschenswert, da in der Plankopfbeschriftung zwar das Projekt und der Bauherr, aber nicht der Planverfasser, die Planbezeichnung, die Plannummer und das Erstellungsdatum sowie die Indexangabe gleich bleiben, d. h. diese Angaben sollten getrennt gespeichert werden.

In Zukunft werden alphanumerische Attribute zur Strukturierung von CAD-Daten von zunehmender Bedeutung sein. Da die Attribute zur Zeit von CAD-System zu CAD-System in dieser Hinsicht noch sehr unterschiedlich gehandhabt werden, werden sie für die Zwecke der CAD-Datenstrukturierung für einen CAD-Datenaustausch derzeit nicht verwendet. Soll von den am Datenaustausch Beteiligten auf die alphanumerischen Attribute zugegriffen werden, muß die Struktur dieser Attribute gesondert abgesprochen werden.

7.2.5. Änderungsdienst

Hier wird dargelegt, wie die Austauschpartner sich organisieren, um die fälligen Änderungen in den Planunterlagen verarbeiten zu können.

Das übliche Vorgehen ohne Datenaustausch ist das einmalige Versenden von Mutterpausen je Planungsphase. Die nachfolgenden Änderungen werden durch das Versenden der Pläne mit den jeweiligen Änderungen und dem hochgezählten Index bekanntgemacht. Der Empfänger arbeitet die Änderungen in der Regel in die eigenen Planung ein bzw. er teilt sein Nichteinverständnis mit.

Beim Datenaustausch sollte am Beginn einer Planungsphase die elektronische Mutterpause verschickt werden.

Das bisherige Prinzip der Mutterpause soll durch den intelligenteren Austausch einzelner Layer abgelöst werden. Damit kann das aufwendige Kratzen von störenden Informationen entfallen und insgesamt der Planinhalt besser auf die eigentliche Aussage für das entsprechende Gewerk reduziert werden.

Es gibt zwei Möglichkeiten für das Auswählen der Layer. Eine Möglichkeit ist das Versenden der gesamten Datei, und der Empfänger sucht sich aus der Gesamtmenge die für ihn notwendigen Layer aus. Die andere Möglichkeit ist das gezielte Versenden einzelner Layer nach Absprache mit dem Empfänger. Der Empfänger stellt dann aus den Layern des Senders und seinen Layern mit den fachspezifischen Inhalten seinen eigenen Plansatz zusammen.

Bei dem Kombinieren von Layern von unterschiedlichen Planungsbeteiligten in einer Datei ist die Erkennbarkeit des Eigentümers am Layernamen und die Aktualisierung nur durch den Eigentümer zu beachten.

Bei Ergänzungen oder Korrekturen an den Inhalten des Senders darf auf keinen Fall die geänderte Datei zurückgeschickt werden, sondern nur ein Änderungslayer mit den notwendigen Angaben. Nur so kann die Zuständigkeit für den jeweiligen Planungsinhalt durch den zuständigen Planer gewahrt bleiben. Bei dem Zurücksenden der ganzen Datei ist auch die Gefahr einer Kombination verschiedener Planstände sehr groß.

Hat der Sender der elektronischen Mutterpause einen geänderten Planstand erstellt, dann verschickt er nur die geänderten Layer mit dem jeweiligen Index oder mit einem Änderungsdatum.

Dieses Austauschverfahren wird an einem Beispiel erläutert. In der Werkplanungsphase arbeiten die Haustechniker und der Statiker mit der elektronischen Mutterpause des Architekten. Im Planungsverlauf verschiebt der Architekt eine Trennwand. Er schickt den geänderten Trennwandlayer, den geänderten Bemaßungslayer und den Planbeschriftungslayer mit einem neuen Index an die Haustechniker. Der Elektriker muß daraufhin eine Aussparung in einer tragenden Wand verschieben. Er schickt einen Änderungslayer mit der verschobenen Aussparung an den Architekten. Dieser überprüft auf Kollision mit anderen Trassen und schickt den Änderungslayer weiter an den Statiker. Wenn der Statiker sein Einverständnis gibt, kann die genehmigte Änderung an alle Beteiligten verteilt werden.

Da in der Regel mehr als eine Änderung bei der Überarbeitung eines Planes berücksichtigt wird, ist ein Layer für die gesamte Zeichnung mit Hinweispfeilen auf die aktuellen Änderungen wünschenswert.

Mit einem 'Lies mich' ('Read me')-Layer können Bemerkungen und Hinweise zur jeweiligen Indexänderung verteilt werden.

Die Beschränkung auf die Versendung nur der geänderten Layer erhöht den Informationsgehalt der Datei und vereinfacht die Berücksichtigung der Änderung, da sie nicht so leicht übersehen werden kann.

Werden die CAD-Daten über ein Telekommunikationsnetz ausgetauscht, so erspart eine verringerte Dateigröße Übertragungskosten.

Bei diesem Austauschverfahren ist es wichtig, nach dem Versenden der elektronischen Mutterpause darauf zu achten, daß keine Inhalte mehr von einem Layer auf einen anderen bewegt werden. Dies ist nur möglich, wenn es mit den Austauschpartner abgesprochen wird.

Arbeiten mehrere Planungsbeteiligte in einem Datennetz, dann müssen Zugriffsberechtigungen verteilt werden, und es muß sichergestellt sein, daß nur mit freigegebenen Planständen gearbeitet wird. Insgesamt ist die Verwaltung von verschiedenen Planständen beim Datenaustausch nicht minder sorgfältig zu beachten als im bisherigen Planungsverlauf.

Bei sehr großen Bauvorhaben kann es notwendig sein, ein übergeordnetes Bezugssystem oder Koordinatensystem festzulegen, damit z.B. alle Gebäude ohne Verschiebungen zu einem Lageplan zusammenmontiert werden können.

7.3. Darstellungsbereiche

Die Einzeldarstellungen der Planungsbeteiligten, die zu Gesamtdarstellungen zusammengefügt werden, sollen möglichst keine Unlesbarkeiten durch Überlappungen enthalten. Um dies zu erreichen, sind Absprachen notwendig, mit denen Austauschbeteiligte sich untereinander Darstellungsbereiche zuweisen.

Die beiden Bilder 7.9 und 7.10 zeigen beispielhaft die Zielsetzung der Zuordnung von Darstellungsbereichen.

In dem in Bild 7.9 dargestellten Werkplan des Architekten ist die Bemaßung der Räume und der Türen nach außen gelegt, obwohl die Maßketten im Flurbereich oder in den Räumen einen besseren Zusammenhang zu den bemaßten Wänden und Türen hätte.

In dem in Bild 7.10 dargestellten Schlitzplan, der Aussparungen und weitere Einbauteile enthält, zeigt sich, daß die Maßketten im Flurbereich oder in den Räumen die Lesbarkeit des Planes stark beeinträchtigen würden.

Das Plazieren der Maßketten außerhalb des Gebäudes ist nicht nur für Aussparungspläne, sondern bei den meisten auf den Rohbau folgenden Gewerken vorteilhaft, da der Grundstock immer die Pläne für die Baumeisterarbeiten sind, z.B. für Deckenspiegel, Leitungsführungen oder auch für Doppelbodenverlegepläne.

Der Planbereich über dem Plankopf sollte nicht für zeichnerische Darstellungen genutzt werden, sondern nur mit Legenden belegt werden oder frei bleiben, weil in anderen Planzusammhängen Legenden notwendig sein können.

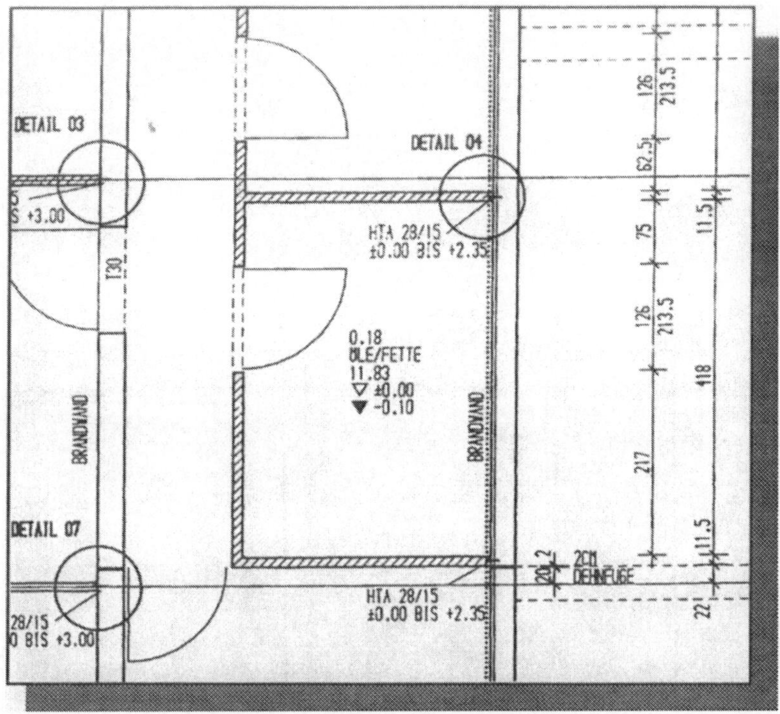

Bild 7.9 Werkplan des Architekten

Zwischen den Austauschpartnern müssen nur die für den jeweiligen Planzweck notwendigen Daten abgestimmt werden.

Um allgemeine Richtlinien festzulegen, ist eine umfangreiche Untersuchung der Planinhalte in verschiedenen Planungsphasen und für die unterschiedlichsten Gewerke erforderlich.

Wünschenswert ist eine Kollisionsprüfung in CAD–Programmen, die den Anwender bei einer Überlagerung von Zeichnungsinhalten warnt oder sogar eine Alternative anbietet. Diese Kollisionsprüfung könnte im Zusammenhang mit dem Erstellen der Plotdatei angeboten werden.

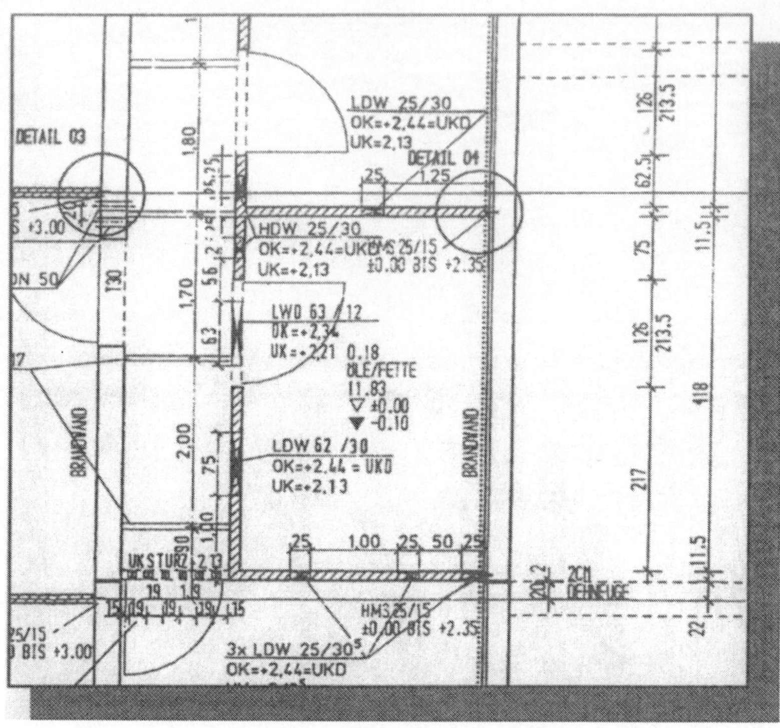

Bild 7.10 Schlitzplan

8. Glossar

Alphanumerische Daten	Daten, die aus Buchstaben, Ziffern und Sonderzeichen bestehen.
Annotation	Der Begriff Annotation ist aus dem Englischen hergeleitet und bedeutet Anmerkung oder Kommentierung. Im CAD–Sprachgebrauch werden damit die grafischen Elemente bezeichnet, die die eigentliche Gebäudegeometrie kommentieren. Hierzu gehören Beschriftung, Bemaßung, Schraffur und erklärende Linien wie Rasterlinien oder ein Treppenpfeil.
Applikation	Andere Bezeichnung für Anwendungssoftware, d.h. nicht Betriebssystemsoftware.
ASCII	Abk.: American Standard Code for Information Interchange. Dieser Code beschreibt eine binäre Darstellung des amerikanischen Zeichensatzes für Buchstaben, Ziffern und Sonderzeichen. Er war ursprünglich ein 7–Bit–Code und enthielt nicht die Umlaute. Es gibt jedoch auch eine deutsche Variante ASCII–GER. Laut DIN 66003 werden dabei bestimmte Sonderzeichen wie eckige Klammer auf "[" durch Umlaute ersetzt.
Assoziativität	Eine Verbindung von Daten in der Form, daß die an ein Element gekoppelten assoziativen Daten sinngemäß mitgeändert werden, wenn das Element geändert wird. Dies kann in der Praxis viel bedeuten. Z. B. ist eine Bemaßung assoziativ, wenn die Maßpunkte mit den bemaßten Punkten der Geometrie verknüpft sind. Die Folge ist, daß die Bemaßung automatisch geändert wird, wenn die bemaßten Punkte der Geometrie verschoben werden. Eine Schraffur kann assoziativ mit einer

	Fläche verbunden sein. Wird die Fläche verschoben, so wandert die Schraffur mit.
Attribut	Daten, die Kennzeichen oder Merkmale beinhalten, die ein CAD–Element beschreiben, werden Attribute genannt. Attribute sind z. B. die Koordinaten eines Punktes, die Farbe einer Fläche oder das Material einer Wand.
Attribut, alphanumerisch	Daten, die weder die Geometrie noch die Darstellung der Geometrie eines Entities beschreiben, sind alphanumerische Attribute, z. B. Raumnummern, Kostendaten oder bauphysikalische Kenndaten.
Attribut, geometrisch	Die Daten, die Geometrie eines Entities beschreiben, sind geometrische Attribute, z.B. X/Y–Koordinaten.
Attribut, grafisch	Die Daten, die die grafische Darstellung eines Entities beschreiben, sind grafische Attribute, z. B. Strichstärke oder Farbe.
Austauschfile	Ein File bzw. eine Datei, die an Dritte weitergegeben wird.
Backup	Erstellung von Sicherungskopien von Dateien mit speziellen Befehlen des jeweiligen Betriebssystemes.
Basiselemente	In der STEP–Definition werden die Bestandteile der grafischen Elemente, die für sich genommen keine Bedeutung haben, z. B. Striche oder Texte, Basiselemente genannt. Erst wenn diese Basiselemente zusammengesetzt und mit einer Bedeutung versehen werden, z. B. Bemaßung, ist das grafische Element vollständig beschrieben.
Bezugspunkt	Der geometrische Ort eines Entities, auf den Bezug genommen wird beim Einfügen auf einen Layer, z. B. die Ecke unten links bei einem Tischsymbol oder der Mittelpunkt bei einer Rundstütze. In der Regel ist der Bezugspunkt der Ursprung des lokalen Koordinatensystems des zu plazierenden CAD–Elementes.
Bibliothek	Sammlungen von CAD–Elementen werden als Bibliothek oder Katalog bezeichnet, wenn sie Daten enthalten, die in gleicher oder modifizierter Form häufig verwendet werden. Typische Inhalte von Bibliotheken sind Symbole und Sinnbilder, z. B. Sanitärobjekte oder Schraffuren und Muster.

Bibliothekselemente	1. Bezeichnung für die Elemente einer Bibliothek. 2. Bezeichnung für den Bereich in STEP–2DBS, in dem Bibliothekselemente definiert werden.
Bibliotheksfunktionen	Funktionen, die die Handhabung von Bibliotheken und Bibliothekselementen ermöglichen.
Bildschirmaufbau	Bezeichnung für den Aufbau eines gewählten Inhaltes auf dem Computerbildschirm.
Binäre Daten	Alle Daten werden im Computer binär, d. h. mit 0 und 1 dargestellt. Unter binärer Darstellung versteht man im allgemeinen die Darstellung von Daten im maschineninternen Format.
Binäre Verschlüsselung	Jede Hard– und Software hat ein eigenes System, nach dem Daten in binärer Form dargestellt werden, d.h. einen eigenen Schlüssel.
CAD	1. Abk.: Computer Aided Design, d. h. rechnergestütztes Entwerfen und Konstruieren. 2. Abk.: Computer Aided Drafting, d. h. rechnergestütztes Zeichnen.
CAD–Austauschfile	Eine Datei mit CAD–Daten, die an Dritte weitergegeben wird.
CAD–Austauschformat	Ein Datenaustauschformat für CAD–Daten.
CAD–Daten	Daten, die mit CAD–Programmen bearbeitet werden.
CAD–Datenaustausch	Ein Vorgang, bei dem CAD–Daten an Dritte weitergegeben werden.
CAD–Programm	Ein EDV–Programm für rechnergestütztes Zeichnen, Entwerfen und/oder Konstruieren.
CAD–Software	s. CAD–Programm
CAD–System	s. CAD–Programm
Cartrige	s. Cartrige–Magnetband
Cartrige–Magnetband	Bezeichnung für einen Magnetbanddatenträger, dessen Bandspulen fest in ein Gehäuse eingebaut sind.
CGI	Abk.: Computer Graphics Interface
CGM	Abk.: Computer Graphics Metafile
Codierung	Darstellung von Daten nach bestimmten Regeln. Z. B. kann eine Personaldatei im Datenformat ASCII codiert sein oder ein Programm in der Programmiersprache Basic.
Compatible Computertypen	Computersysteme, deren Geräte, Daten und Programme untereinander ohne Anpassungen und Konvertierungen austauschbar sind.

Computergrafik	Bezeichnung für grafische Darstellungen, die mittels EDV hergestellt oder modifiziert werden.
Computersystem	Die Kombination von Hard– und Software zu einem vollständigen und lauffähigen Computer.
Cursor	Bezeichnung der Markierungsmarke, die die aktuelle Bildschirmposition angibt.
Darstellungsattribut	Andere Bezeichnung für grafisches Attribut.
Datei	Eine Datenmenge, die unter einem Namen auf einem Datenträger abgespeichert ist. Die in der EDV–Terminologie häufig verwendete englische Bezeichnung ist file.
Datenaustauschformat	Ein Datenformat, daß speziell für den Datenaustausch konzipiert ist.
Datenaustauschf., neutrales	Ein nicht systemspezifisches Datenaustauschformat, z. B. STEP–2DBS.
Datenbank	Eine Sammlung untereinander verknüpfter Daten, die nach bestimmten Schlüsseln oder Ordnungskriterien abgespeichert werden und in der anhand der Schlüssel bzw. Ordnungskriterien direkt auf die Daten zugegriffen werden kann. Datenbanken werden verwendet für große Datenmengen, die nicht sequentiell, d. h. der Reihe nach, bearbeitet werden. Typische Anwendung für Datenbanken sind z. B. Flugreservierungssysteme, bei denen schnell auf bestimmte Flüge zugegriffen werden muß.
Datenbank, relational	Das Ordnungskriterium einer Relationalen Datenbank ist die Beziehung (Relationen) der Daten untereinander. Die Daten werden in zweidimensionalen Tabellen dargestellt.
Datenbankabfrage	Das Suchen nach bestimmten Daten innerhalb einer Datenbank mit Hilfe von Suchkriterien.
Datenbankrecord	Andere Bezeichnung für Datenbanksatz.
Datenbanksatz	Eine zusammengehörige Datenmenge innerhalb einer Datenbank.
Datenbanksystem	Softwaresystem zum Speichern und Verwalten der Daten einer Datenbank
Datenbanktabelle	In relationalen Datenbanken sind die Daten in zweidimensionalen Tabellen organisiert. Diese werden Datenbanktabellen genannt.
Datenfernübertragung	Die Übertragung von Daten zwischen Rechnern mittels eines Kommunikationsnetzes, das der

	Allgemeinheit zur Verfügung steht, z. B. über Telefonleitungen. Abk.: DFÜ.
Datenformat	Konventionen nach denen Daten in einer Datei gespeichert werden.
Datenformat, internes	Das spezielle Datenformat einer Software, daß in der Regel nur von dieser Software bearbeitet werden kann. Sollen Daten an andere Systeme übergeben werden, muß das interne Datenformat in ein Datenaustauschformat übersetzt werden.
Datenkonvertierung	s. Konvertierung
Datenschutz	Maßnahmen, die den unberechtigten Zugriff auf Daten verhindern.
Datensicherung	Maßnahmen, die den unbeabsichtigten Verlust von Daten verhindern.
Datenstruktur	Der geordnete logische Zusammenhang der Daten einer Datei.
Datenträger	Bezeichnung für Speichermedien, auf denen Daten mittels EDV geschrieben und gelesen werden können, z. B. Magnetband oder Diskette.
DIN–NAM 96.4.3–Bau	Abk.: Normen–Ausschuß–Maschinenbau Technischer Austausch Produktinformationen Untergruppe Bauwesen
DFÜ	Abk.: Datenfernübertragung
DOS	Abk.: Disk Operating System. Weit verbreitetes Betriebssystem für Personal Computer. Am häufigsten anzutreffen ist MS–DOS von MicroSoft und PC–DOS von IBM.
DXF	Abk.: Data Exchange Format. Ein Datenaustauschformat von AutoCAD.
Ebene	Bezeichnung für Layer bei CAD–Programmen von HOCHTIEF.
Elektronische Mutterpause	Bezeichnung für eine CAD–Datei oder Teile einer CAD–Datei, die als Grundlage (Mutterpause) für die Erstellung einer weiterführenden CAD–Planung dienen.
Elektronische Nachricht	Eine Nachricht, die mit EDV erstellt und übermittelt wird.
Element, grafisch	Deutsche Bezeichnung für Annotation. Die grafischen Elemente werden in der STEP–Definition in Basiselemente und zusammengesetzte Elemente unterteilt.

Element, zusammengesetzt	Werden Basiselemente mit einer Bedeutung versehen und zusammengesetzt, entsteht ein zusammengesetztes Element. Erhalten z. B. Linien die Bedeutungen Maßhauptlinie, Maßhilfslinie bzw. Maßbegrenzung und Zahlen die Bedeutung Maßzahl, dann wird daraus das zusammengesetzte Element mit der Bedeutung Bemaßung.
Entity	Zusammenfassung von Informationen zu einer Einheit. Dieser Begriff wird im CAD, in der Datenbanktechnik und in der Produktmodellierung sinngemäß gleich verwendet. Im CAD ist z. B. ein Punkt ein Entity. Er wird durch seine Koordinaten beschrieben. Ein Entity kann Bestandteil von anderen Entities sein. Z. B. ist ein Punkt mit seinen Koordinaten ein Entitiy und dieser Punkt ist Bestandteil eines Entities Linie, das aus zwei Punkten, den Darstellungsattributen, seinem Layernamen und vielleicht noch zugehörigen alphanumerischen Attributen besteht.
File	Englische Bezeichnung für Datei
Fileformat, physikalisches	s. Datenformat
Folien	Bezeichnung für Layer bei CAD–Programmen von RIB/RZB.
Font	Bezeichnung für den Zeichenvorrat einer Schriftart.
Format	s. Datenformat, Datenaustauschformat
Funktionalität	Leistungsumfang und Art der Leistungen eines Programmes.
Gebäudegeometrie	Die geometrische Beschreibung eines Gebäudes in Form von Koordinaten, Linien, Flächen und Volumen.
Gebäudemodell	Die Beschreibung eines Gebäudes nicht nur mit geometrischen Daten, sondern auch mit alphanumerischen Attributen.
GKS	Abk.: Grafical Kernel System
Grafisches Element	s. Element, grafisch
Gruppe	Bei der Zusammenfassung einzelner Entities zu einem Entity mit einem Namen wird das Ergebnis Gruppe genannt. Mit der Hilfe von Gruppen können CAD–Daten übersichtlicher strukturiert und effektiver gehandhabt werden. Die Zusammenfassung von einem großen Rechteck mit je

	zwei kleinen Quadraten an den Längsseiten mit dem Namen 'Eßplatz' kann als Gruppe verwendet werden, d.h. bei einer Verschiebung kann die Gruppe 'Eßplatz' verschoben werden, und es ist nicht notwendig, jedes der fünf Vierecke oder sogar jede der 20 Linien einzeln zu verschieben.
Gruppe, flache	Eine Gruppe, die aus Entities besteht, die ihrerseits keine Gruppen sind.
Gruppe, hierarchisch	Eine Gruppe, die als Entity auch Gruppen beinhaltet, die als Entities auch Gruppen beinhalten, etc.
Gruppierungsmechanismus	Ein Werkzeug, das ein CAD–Programm zur Verfügung stellt, um CAD–Daten durch Gruppenbildung zu strukturieren. In den meisten Programmen sind dies Layer und Gruppen.
Hardwarekonfiguration	Die Zusammenstellung von Hardware zu einem lauffähigen System.
HPGL	Abk.: Hewlett–Packard Graphics Language. Ein Dateiformat von Hewlett–Packard.
IGES	Abk.: Initial Graphics Exchange Specification.
Implizite Darstellung	Beschreibung eines geometrischen Elementes anhand einer Gleichung, z. B. $Ax + By + C = 0$ für eine Gerade.
Inkompatibilität	Gegenteil von Kompatibilität.
Instance–Mechanismus	Methode zur Plazierung eines CAD–Elementes. Dabei wird ein Ausgangselement, z. B. ein Symbol, durch die Angabe einer Verschiebung, einer Verdrehung und einer Skalierung an dem beabsichtigten Ort lokalisiert. Diese Transformation kann als Matrix dargestellt werden. Der Bezug zum Ausgangselement bleibt bestehen. Der Begriff ist die "Verdeutschung" des englischen Ausdrucks "instance mechanisme".
Instanzierung	s. Instance–Mechanismus.
Integrierte Anwendung	Eine EDV–Anwendung, bei der eine Verknüpfung zu mindestens einer anderen EDV–Anwendung hergestellt wird, z. B. die Berechnung von Mengen aus einem CAD–Programm für die Erstellung eines Leistungsverzeichnisses.
Integrierte Bauplanung	Zeitnahe Einbindung von Planungsergebnissen der Planungsbeteiligten in den Planungsprozeß der anderen Planungsbeteiligten.
ISDN	Abk.: Integrated Service Digital Network. Das ISDN–Netz ist ein einheitliches Übertragungsnetz

	der Deutschen Bundespost für die digitale Übertragung der unterschiedlichsten Dienste, z. B. Telefon, Telefax, Teletex, BTX, etc.
ISO	Abk.: International Standards Organisation. Eine internationale Organisation nationaler Normungsinstitute, z. B. des deutschen DIN, des amerikanischen ANSI und anderer nationaler Normungsinstitutionen.
ISO–Norm	Bezeichnung einer von der ISO verabschiedeten Norm.
Katalog	s. Bibliothek
Klartext	Ein nicht verschlüsselter oder nicht codierter Text.
Kompatibilität	Ist Hard– oder Software fehlerfrei durch ein anderes Hard– oder Software–Produkt zu ersetzten, so sind die beiden Produkte kompatibel zueinander, d. h. austauschbar.
Konvertierung	Dieser Begriff wird nicht einheitlich gebraucht. Einerseits bezeichnet er die Umwandlung eines Datenformates in ein anderes Datenformat. Daneben wird der Begriff auch in einem engeren Sinne verwendet. Er bezeichnet dann die Umwandlung eines Entities in ein anderes Entity, das das ursprügliche Entity mit hoher Genauigkeit darstellt. Ein Kreis kann z. B. in ein regelmäßiges Vieleck konvertiert werden.
Koordinatensystem, lokales	Koordinatensystem für ein oder mehrere Entities, z. B. für ein Symbol in einem Katalog. Wichtig ist die Lage des Koordinatenursprungs.
Laufwerk	Bezeichnung für ein Gerät, mit dem Datenträger gelesen und beschrieben werden können, z. B. Diskettenlaufwerk, Bandlaufwerk.
Laufzeit	Die Zeit, während der eine Aufgabe oder ein Programm ausgeführt wird.
Layer	Englische Bezeichnung für Schicht. Bei CAD–Systemen ein übliches Mittel, um die Datenmenge zu strukturieren. Hierbei ist jedes Entity einem Layer zugeordnet. Ohne Ausschnittverkleinerung oder Unsichtbarschaltung ist die Entitymenge eines Layers die kleinste am Bildschirm visualisierbare Datenmenge.
Level	Andere Bezeichnung für Layer.
Lokalisierung	Das Positionieren eines Entities an einem bestimmten Ort auf einen bestimmten Layer.

Mailbox	Englische Bezeichnung für Briefkasten. In der EDV die Bezeichnung für einen elektronischen Briefkasten, in dem über ein Netz oder mit DFÜ eine Nachricht eingetragen oder abgeholt werden kann, sofern der Benutzer die entsprechenden Zugriffsberechtigungen hat.
Makro	Ein Makro beinhaltet die Darstellung eines geometrischen Zusammenhanges mit allgemeinen Parametern. Bei der Anwendung des Makros werden die allgemeinen Parameter mit Werten ersetzt. Z. B. hat ein Makro 'Rechteck' die Parameter Länge und Breite. Bei der Anwendung dieses Makros erhalten die Parameter ihre spezielle Ausprägung durch die Angabe von konkreten Werten. Zusätzlich wird das Makro mit diesen Werten auf einen bestimmten Layer an einen bestimmten Ort positioniert.
Modem	Abk.: Modulator/Demodulator. Ein Gerät für die Datenfernübertragung über ein analoges Telefonnetz und Datex–Netz. Es wandelt digitale Informationen in analoge Signale um und umgekehrt.
Optische Platte	Ein Datenträger mit hoher Speicherkapazität, der optisch gelesen werden kann, bekannt als CD (Abk.: Compact Disk) für die digitale Speicherung von Musik.
Parameterdarstellung	Beschreibung eines geometrischen Elementes anhand einer Gleichung für jede Koordinate, z. B. $x = x_0 + m_x t$ und $y = y_0 + m_y t$ für eine Gerade.
Postprozessor	Bezeichnung für ein Programm, das CAD–Daten vom Datenaustauschformat in CAD–Daten im internen Datenformat übersetzt.
Preprozessor	Bezeichnung für ein Programm, das CAD–Daten vom internen Datenformat in CAD–Daten im Datenaustauschformat übersetzt.
Proportionalschrift	Schriftarten, bei denen die Breite eines Zeichens von der Form des Zeichens abhängig ist, d.h. der Platzbedarf für ein 'I' ist geringer als der Platzbedarf für ein 'M'.
Punktbemaßung	Bemaßung von Punkten, die alle beliebig verteilt liegen können; im Gegensatz zur Schnittbemaßung.

Referenzierung	Verweis auf ein Entity an anderer Stelle anstatt des Erzeugens eines neuen Entities als Kopie des ursprünglichen Entities.
Sachdaten	Technische Beschreibungen eines Bauteiles, z. B. Anschlußleistung einer Pumpe oder Wärmedurchlaßwiderstand einer Wand.
Schichtzeichnen	Der Aufbau einer Gesamtzeichnung durch das Übereinanderlegen mehrerer Schichten mit Einzeldarstellungen.
Schnittbemaßung	Bemaßung von Punkten, die alle auf einer Geraden bzw. auf versetzten Geraden liegen.
Schraffuralgorithmus	Verfahren, Flächen mit Schraffur zu füllen. CAD–Systeme haben Programmteile speziell für diese Aufgabe.
Schreibdichte	Aufzeichnungsdichte für Datenträger; Einheit bpi (bits per inch).
Schriftart	Die Art und Weise, mit der ein Zeichensatz dargestellt wird. Namen von Schriftarten sind z.B. Helvetica und Times Roman.
Schriftsatz	s. Font
Schriftstil	s. Schriftart
Softwarekonfiguration	Die Zusammenstellung von Software zu einem lauffähigen System.
STEP	Abk.: Standard for the Exchange of Product Model Data.
STEP–2DBS	Abk.: STEP – 2D–Bau–Subset
Teilbild	Bezeichnung für Layer bei CAD–Programmen von der Nemetschek Programmsystem GmbH.
Textattribute	Die Angaben, die die Art, Größe und Neigung eines Textes festlegen, d. h. Schriftart, Buchstabenbreite, Buchstabenhöhe, Buchstabenabstand und Neigungswinkel.
Texteditor	Allgemeine Bezeichnung für ein Programm, mit dem Text modifiziert werden kann.
Textfont	s. Font
Textrahmen	1. Bezeichnung für einen Rahmen um einen Text. 2. Bezeichnung für die Begrenzung des Platzes, den ein Text belegt.
Transformationsmatrix	Bezeichnung für die Summe der notwendigen Angaben für eine Transformation (Verschieben, Drehen, Spiegeln, Skalieren, etc.) eines CAD–Elementes in Matrixform.

Trimm–Mechanismus	In der CAD–Geometrie Bezeichnung für das Stutzen bzw. Zurechtschneiden einer unbegrenzten Kurve.
Übersetzer	Allgemeine Bezeichnung für ein Programm, das eine Datei mit einem Datenformat in eine Datei mit einem anderen Datenformat umwandelt.
Übersetzerprogramme	s. Übersetzer
Übertragungsgeschwindigkeit	Das Maß für die Geschwindigkeit einer Datenübertragung ist Baud; 1 bd = 1 bit/s.
UNIX	Dialogorientiertes Mehrbenutzerbetriebssystem, das in hohem Maße portabel ist. Mehrere Programme können parallel ausgeführt werden. Unix wird auf einer weiten Palette von Rechnersystemen angeboten.
Update	Version eines Programmes mit gleichem Leistungsumfang aber größerer Fehlersicherheit.
Upgrade	Version eines Programmes mit größerem Leistungsumfang.
Utility	Bezeichnung für Hilfprogramme, die häufig notwendige Funktionen ausführen, z. B. Sortieren oder Verketten von Dateien.
Virentest	Das Durchsuchen einer oder mehrerer Dateien nach Computerviren.
Volumenmodell	Dieser Begriff wird verwendet, um die Art eines 3D–CAD–Modells zu kennzeichnen. Volumenmodelle stellen die geometrischen Abmessungen räumlicher Körper vollständig und eindeutig dar. Der Begriff wird vielfach verwendet, um ein 3D–CAD–Modell von anderen 3D–Modellarten wie Drahtmodell und Flächenmodell abzugrenzen.
Workstation	Bezeichnung für einen Arbeitsplatzcomputer.
Zoll	1 Zoll = 1 inch = 25,4mm. Diese Längeneinheit wird bei der Definition der Schreibdichte eines Datenträgers verwendet.
Zugriffsberechtigung	Die Erlaubnis, auf Daten oder Programme zugreifen zu dürfen, d. h. Programme anwenden oder Dateien lesen oder ändern zu dürfen.
2D	Gebräuchliche Abkürzung für zweidimensional.
3D	Gebräuchliche Abkürzung für dreidimensional.

9.Literatur

[1] STEP–2DBS (STEP–2D Bau–Subset): Eine Schnittstelle zum Austausch zeichnungsorientierter CAD–Daten im Bauwesen, Version 1.0, Mai 1989, zu beziehen durch Rechen– und Entwicklungsinstitut für EDV im Bauwesen RIB e. V.

[2] CAD–Datenaustausch im Projekt ISYBAU, ein Anforderungsprofil, März 1991, zu beziehen bei der Oberfinanzdirektion Hannover, Landesbauabteilung.

[3] Einige Elementare Regeln zum CAD–Datenaustausch mit STEP–2DBS, Version 1.0 Januar 1992, zu beziehen bei der Oberfinanzdirektion Hannover, Landesbauabteilung.

[4] Repro–Z (Herausgeber): Schichtzeichnen, ein Handbuch für Systemlösungen im Technischen Zeichenbüro, Verlag Beruf und Schule, Itzehoe 1984.

[5] Edwards, C. W.: Overlay Drafting Systems, Mc Graw–Hill, New York, St. Louis, San Franzisco 1984.

[6] American National Standards Institute: IGES, Initial Graphics Exchange Specifications, Version 4.0, ANSI Gaithersburg 1988.

[7] ISO TC 184/SC4: ISO 10303, STEP, Standard for the Exchange of Product Model Data. Dieser Standard besteht aus vielen Einzelstandards für bestimmte Anwendungsgebiete und Zwecke. Er wird zur Zeit entwickelt. Die erste Version, das sogenannte Initial Release soll Ende 1992 verfügbar sein.

[8] Oxford Advanced Dictionary of Current English, Oxford University Press, 25. Ausgabe 1987.

[9] STEP AP#201 – Explicit Draughting, Volume 1.0, September 1991, Volume 2.0, Januar 1992, ANSI Gaithersburg 1988.

[10] ISO: Information Processing Systems – Computer Graphics – Graphical Kernel System (GKS), Functional Description, ISO IS 7942, 1985.

[11] ISO: Information Processing Systems – Computer Graphics – Metafile for the Storage and Transfer of Picture Description Information (CGM), ISO IS 8632, 1987.

[12] ISO: Information Processing Systems – Computer Graphics – Interfacing Techniques for Dialogues with Graphical Devices (CGI), ISO DP 9636, 1986.

[13] Haas, W.: Integrierte Bauplanung mit CAD auf Mikrocomputern, Stand der Technik bei Hard– und Software, VDI Bildungswerk Bericht BW 7581, VDI Düsseldorf 1987.

[14] Das große DUDEN–LEXIKON in acht Bänden. Bibliographisches Institut Mannheim, Wien, Zürich, Mannheim 1969.

[15] Kluge, F.: Etymologisches Wörterbuch der deutschen Sprache, 22. Auflage, de Gruyter Verlag Berlin, New York, Berlin 1989

[16] Wahrig, G.: Deutsches Wörterbuch, Bertelsmann Lexikon–Verlag, Gütersloh 1970

[16] Schley, M. K.: CAD Layer Guidelines, The American Institute of Architects (AIA), Washington D. C., 1990.

[21] AutoCAD Version 11, Autodesk, Dezember 1990

[22] Cohn, D. S.: Complete AutoCAD, Addison – Wesley Publishung Company, Inc. Dezember 1990.

[23] VDMA/VDA–Einheitsblatt 66 319, Teil 1 und Teil 2: Rechnerunterstütztes Konstruieren, Festlegung einer Untermenge von IGES, Version 4.0 (VDAIS); Beuth Verlag Berlin, August 1989.

[24] Booz–Allen & Hamilton Inc.: Product Definition Data Interface, Task–1–Evaluation and Verification of ANSI Y 14,26M Standard, 18.10.1983.

[25] Trippner, D.: CAD/CAM–Datenaustausch zwischen Automobilherstellern und deren Zulieferbetrieben, Voraussetzung für die Zukunft., CAE–Journal 1/88.

[26] Portmann, U.; Klaus, D.: Symbole und Sinnbilder in Bauzeichnungen nach Normen, Richtlinien und Regeln, Bauverlag GmbH, Wiesbaden und Berlin ,4. Auflage, 1979

[27] Computer verstehen, Datenkommunikation, Time–Life Bücher, Amsterdam 1987

[28] Loga, J.: Einsteigerseminar Telekommunikation, BHV Verlag, Korschenbroich 1991

[29] Freyer, U.: Nachrichten–Übertragungstechnik, Grundlagen – Komponenten – Verfahren – Systeme, Carl Hanser Verlag, München Wien 1988

[30] ISDN–Berater, Arbeitsgemeinschaft Büro–Kommunikation GmbH Deutsche Bundespost Telekom, Montabaur 1991

[31] Durr, M.: Netzwerke für den PC, Addison Wesley Verlag (Deutschland), Bonn 1988

Anhang A
Vergleich von STEP–2DBS
und DXF auf Entityebene

A.1. Bibliothekselemente

Wie bereits in Abschnitt 3.3.2 beschrieben, gibt es bei DXF keinen gesonderten Bereich für Bibliothekselemente. Teilweise entsprechen Angaben des TABLES–Bereich von DXF Bibliothekselementen von STEP–2DBS, häufig fehlen sie jedoch.

STEP–2DBS Entity	Erläuterungen	DXF Entity
UNITS	**STEP–2DBS:** Mit diesem Entity werden dem empfangendenSystem die Einheiten mitgeteilt, in denen Längen und Winkel angegeben sind. **DXF:** Entsprechende Möglichkeiten bietet DXF mit den Variablen AUNITS und LUNITS des HEADER–Bereichs.	AUNITS LUNITS
CONVERSION	**STEP–2DBS:** Mit diesem Entity wird dem empfangenden System der Umrechnungsfaktor in die Standardeinheit mm mitgeteilt. Dieses ist statt dem UNITS–Entity zu benutzen, wenn die Einheit nicht MM, CM, M oder INCH ist. **DXF:** Eine entsprechende Möglichkeit fehlt.	fehlt

Bild A1 Bibliothekselemente bei STEP–2DBS und DXF

STEP–2DBS Entity	Erläuterungen	DXF Entity
TEXT_FONT	**STEP–2DBS:** Mit diesem Entity wird angegeben, welche Fontnummern verwendet werden. Die zugehörigen Fonts werden namentlich benannt. **DXF:** Entsprechende Möglichkeiten enthält DXF mit dem STYLE–Entity. In diesem Entity sind zusätzliche Informationen wie Breitenfaktor und optional der Dateiname der Fontdatei angegeben.	STYLE
LINE_STYLE	**STEP–2DBS:** Mit diesem Entity wird angegeben, welcher internen Linientypnummer welche Folge von Linien mit erhobenem und gesenktem Stift entspricht. **DXF:** Im DXF Format wird diese Möglichkeit mit dem LTYPE–Entity realisiert.	LTYPE
LINE_WIDTH	**STEP–2DBS:** Mit diesem Entity wird angegeben, welcher internen Strichstärkennummer welche Strichstärke entspricht. Die Strichstärken werden also explizit angegeben. **DXF:** Im DXF–Format werden bei Polylinien die Linienbreiten explizit angegeben. Die Breite von Vektoren wird über die Farbe festgelegt.	s. Text
COLOR	**STEP–2DBS:** Mit diesem Entity wird angegeben, welcher internen Nummer welche Farbe entspricht. Die Farbe wird namentlich genannt. **DXF:** Die Farbe wird mit dem Gruppencode 62 angegeben **Beiden** Formaten fehlt eine eindeutige Zuordnung der Farbnummer bzw. des Farbnamens zu den RGB–Anteilen der Farbe.	Gruppe 62

Bild A2 Bibliothekselemente bei STEP–2DBS und DXF, Fortsetzung

STEP–2DBS Entity	Erläuterungen	DXF Entity
SYMBOL	**STEP–2DBS:** Mit diesem Entity werden Symbolbibliotheken übertragen. Die Symbole können mit einem Instance–Mechanismus plaziert werden. **DXF:** Symbole werden als Blöcke, also wie normale Gruppen übertragen. Die Möglichkeit, mit SHAPE–Entities Symbole aus anderen Dateien zu verwenden, wird heute wegen des hohen Aufwandes kaum noch genutzt.	BLOCK (SHAPE)
TERMINATOR _SYMBOL	**STEP–2DBS:** Mit diesem Entity werden Maßbegrenzungssymbole übertragen. **DXF:** Maßbegrenzungssymbole werden als normale Blöcke ausgetauscht.	Block
HATCH	**STEP–2DBS:** Mit diesem Entity werden Schraffurdefinitionen übertragen. Dabei wird zur Definition zusätzlich deren Bezeichnung als Text angegeben. **DXF:** Im DXF–Format sind Schraffuren in Linien aufgelöst und in Blöcke zusammengefasst, deren Name mit ”*X” beginnt.	aufgelöst

Bild A3 Bibliothekselemente bei STEP–2DBS und DXF, Fortsetzung

Am gravierendsten dürfte wohl das Fehlen der Möglichkeiten sein, Schraffurdefinitionen und Symbolbibliotheken auszutauschen. Da keine Schraffurdefinitonen ausgetauscht werden können, müssen Schraffuren in Einzelstriche aufgelöst werden. Dadurch werden DXF–Austauschfiles stark aufgebläht, wenn Schraffuren ausgetauscht werden.

STEP–2DBS Entity	Erläuterungen	DXF Entity
USER _DEFINED _AEC_ENT	**STEP–2DBS:** Mit diesem Entity werden Tabellenköpfe für alphanumerische Attribute definiert. Der Name des Tabellenkopfes entspricht dem Namen des Entities, in dem später Parameterwerte angegeben bzw. in die Tabelle eingetragen werden. Jede dieser Zeilen kann mit graphischen Entities verknüpft werden. **DXF:** Mit den Extended Entity Data (Gruppen > 1000) können DXF–Entities mit zusätzlichen Daten verknüpft werden. Sowohl die Form als auch der Inhalt ist nicht festgelegt. Es wird einem Entity eine Elementreferenz zugewiesen, auf die die EED–Elemente zeigen können. Diesen Mechanismus nutzen viele AutoCAD–Applikationen, um ihre Zusatzinformationen zu übertragen. Mit diesem Mechanismus könnten Schraffur- und Bemaßungsassoziatäten, AEC–Attribute und komplexe Flächendefinitionen übertragen werden. In der Praxis geschieht dies nur zwischen gleichen AutoCAD–Applikationen mit Absprachen zwischen Sender und Empfänger. Daneben gibt es die Block–Attribute, die für Stücklisten etc. verwendet werden können.	EED

Bild A4 Bibliothekselemente bei STEP–2DBS und DXF, Fortsetzung

A.2 Geometrie

A.2.1. Einfache Geometrie

STEP–2DBS Entity	Erläuterungen	DXF Entity
POINT_2D	**STEP–2DBS:** Mit diesem Entity werden die Koordinaten eines einzelnen Punktes beschrieben. **DXF:** Das entspechende Entity in DXF ist POINT.	POINT
DIRECTION _2D	**STEP–2DBS:** Mit diesem Entity wird eine Richtung als Komponente eines Richtungsvektors beschrieben. **DXF:** Eine entsprechende Möglichkeit fehlt.	fehlt
LINE_2D	**STEP–2DBS:** Mit diesem Entity wird eine Gerade beschrieben. **DXF:** Ähnliche Möglichkeiten bietet das LINE–Entity. Bei ihm wird jedoch direkt das Linienstück durch Anfangs– und Endpunkt angegeben.	LINE
CIRCLE_2D	**STEP–2DBS:** Mit diesem Entity wird ein Vollkreis beschrieben. **DXF:** Mit dem CIRCLE–Entity wird ein Vollkreis beschrieben.	CIRCLE
ELLIPSE_2D	**STEP–2DBS:** Dieses Entity beschreibt eine Vollellipse. **DXF:** Eine entsprechende Möglichkeit fehlt. AutoCAD zerlegt eine Ellipse in ein Polyline–Element mit 16 Scheitelpunkten.	fehlt

Bild A5 Einfache Geometrieentities bei STEP–2DBS und DXF

Der wohl deutlichste Unterschied bei den einfachen Geometrieentities von
STEP–2DBS und DXF ist, daß bei DXF die einfachen Geometrieentities als 3D–

Entities angelegt sind. Alle Entities können also x–, y– und z–Komponenten haben. Bei STEP–2DBS ist die Geometrie prinzipiell eine 2D–Geometrie.

STEP–2DBS Entity	Erläuterungen	DXF Entity
TRIMMED _CURVE_2D	**STEP–2DBS:** Mit diesem Entity werden die unbegrenzt beschriebenen Geometrieentities LINE, CIRCLE und ELLIPSE begrenzt. **DXF:** Eine Linie wird hier direkt begrenzt angegeben. Begrenzte Kreise beschreibt das ARC–Entity. Begrenzte Ellipsen sind nicht möglich.	ARC

Bild A6 Einfache Geometrieentities bei STEP–2DBS und DXF, Fortsetzung

Ein weiterer wesentlicher Unterschied ist, daß bei STEP–2DBS die Geometrie prinzipiell in ihrer Parameterdarstellung beschrieben wird (Ausnahme POLYGON_2D, siehe Bild A7) und durch einen einheitlichen Trimm–Mechanismus begrenzt wird. Dies entspricht der Vorgehensweise bei STEP. Hinter den Definitionen von DXF steht kein derartiges einheitliches Konzept.

Neben den in den Bildern A5 und A6 dargestellten einfachen Geometrieentities bietet DXF noch eine Reihe weiterer Entities wie das TRACE–Entity (durch vier Punkte begrenztes Band), das SOLID–Entity (im Raum liegendes Dreieck oder Viereck) oder das POLYLINE–Entity, mit dem unter anderem auch B–Splines dargestellt werden können. Darauf wird im nächsten Abschnitt näher eingegangen.

A.2.2. Zusammengesetzte Geometrie

Während STEP–2DBS wieder ein bauspezifisch abgestuftes Repertoire von Entities zur Beschreibung zusammengesetzter Geometrie enthält, ist das wesentliche Element für diese Aufgabe bei DXF das POLYLINE–Entity. Dieses Entity ist ein "Mehrzweckentity" mit dem man neben Polygonzügen B–Splines, Netze, Facettenflächen, B–Spline–Flächen oder Bezierflächen darstellen kann.

Die wesentlichen Elemente des POLYLINE–Entities sind Kontrollpunkte und Schalter, die die Bedeutung der Kontrollpunkte regeln. Je nachdem, wie diese Schalter gesetzt sind, werden die Kontrollpunkte beispielsweise als Eckpunkte eines Polygones interpretiert, als Kontrollpunkte einer B–Spline–Kurve oder als Kontrollpunkte einer Bezierfläche. Es ist offenkundig, daß dieses Element nicht unbedingt auf die Bedürfnisse des Bauwesens zugeschnitten ist.

STEP–2DBS Entity	Erläuterungen	DXF Entity
POLYGON_2D	**STEP–2DBS:** Mit diesem Entity wird ein Polygonzug als Folge von Punkten beschrieben. **DXF:** Das entsprechende Entity heißt POLYLINE.	POLYLINE
COMPOSITE _CURVE_2D	**STEP–2DBS:** Mit diesem Entity wird ein Linienzug als Folge von Referenzen auf einfache Linienentities (CIRCLE_2D, ELLIPSE_2D und TRIMMED_CURVE_2D) beschrieben. **DXF:** Mit einer Polyline lassen sich hier sogenannte geometrische Primitive kombinieren.	POLYLINE
AREA_2D	**STEP_2DBS:** Mit diesem Entity wird eine Fläche, gegebenenfalls mit Aussparungen beschrieben. Die geschlossenen Kurvenzüge werden dabei nicht explizit, sondern als Referenzen auf Composite Curves angegeben, die geschlossen sein müssen. **DXF:** Jede geschlossene POLYLINE kann als Fläche angesehen werden (s. EED).	TRACE, SOLID, SHAPE

Bild A7 Zusammengesetzte Geometrieentities bei STEP–2DBS und DXF

Auch bei der Übertragung von Flächen weist STEP–2DBS deutliche Vorteile gegenüber DXF auf. Bei STEP–2DBS kann eine Fläche aus einer äußeren Kontur und mehreren Aussparungen bestehen. Mit EED–Daten können zwar in DXF ebenfalls derartige Flächen mit Aussparungen definiert werden, jede Applikation kann dabei seine eigenen EED–Daten dafür festlegen, da innerhalb von DXF dafür keine Konventionen festgelegt wurden.

A.3. Zeichnungstechnische Elemente (Annotation)

A.3.1. Vorbemerkungen

Bei STEP–2DBS wird nach dem Verwendungszweck der Entities zwischen geometrischen Entities (s. Abschnitt 3.2.3) und grafischen Entities (s. Abschnitt 3.2.5) unterschieden. Dies entspricht der generellen Vorgehensweise bei STEP. Die Begründung für diese Unterscheidung ist in Abschnitt 3.2.5 gegeben.

Bei DXF wird diese Unterscheidung nicht getroffen. Sie ist aus der Sicht von AutoCAD auch nicht erforderlich, da DXF die internen CAD–Daten von AutoCAD wiedergibt und nicht für den CAD–Datenaustausch zwischen unterschiedlichen CAD–Systemen mit unterschiedlichen Funktionalitäten, Vorgehensweisen und Datenstrukturen ausgelegt ist.

A.3.2. Bemaßung

Bei DXF werden Maßbilder, also Maßlinien, Maßhilfslinien, Maßzahlen und Maßbegrenzungen nicht explizit übertragen, sondern Angaben, anhand derer sie berechnet und erzeugt werden können. Dies soll anhand von Bild A8 dargestellt werden, das sinngemäß aus dem Benutzerhandbuch von AutoCAD übernommen wurde.

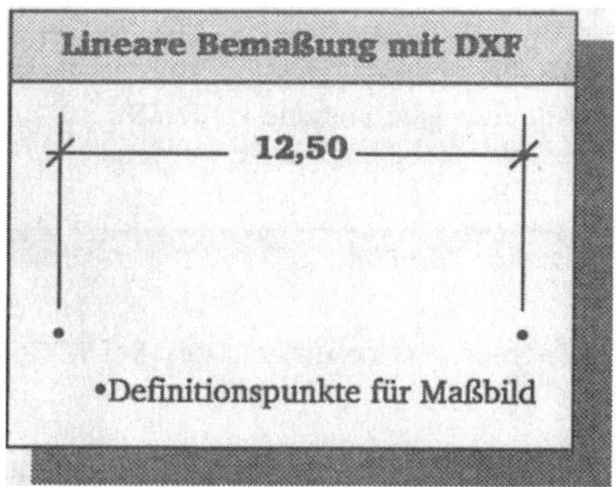

Bild A8 Definitionspunkte für eine lineare Bemaßung bei DXF

Bild A8 zeigt eine lineare Bemaßung zusammen mit den zugehörigen drei Definitionspunkten. Mit diesen drei Definitionspunkten und den in dem

HEADER–Bereich festgelegten Voreinstellungen, z. B. für die Überstände von Maßlinien und Maßhilfslinien, kann das Maßbild erzeugt werden. Analoge Definitionspunkte gibt es für Winkelbemaßung, Durchmesserbemaßung, Radiusbemaßung und Ordinatenbemaßung.

Dieses Vorgehen orientiert sich an den internen Datenstrukturen für die assoziative Bemaßung von AutoCAD. Es ist jedoch im Gegensatz zu neutralen Formaten wie STEP und IGES, die alle das Maßbild explizit übertragen. Mit STEP–2DBS kann man in Übereinstimmung mit den neutralen Formaten das Maßbild explizit übertragen.

STEP–2DBS Entity	Erläuterungen	DXF Entity
DIMENSION _TEXT	**STEP–2DBS:** Mit diesem Entity werden eine oder mehrere Maßzahlen durch Referenzen auf Text–Entities beschrieben. **DXF:** Eine entsprechende Möglichkeit fehlt.	fehlt
EXTENSION _LINE	**STEP–2DBS:** Mit diesem Entity werden eine oder mehrere Maßhilfslinien durch Referenzen auf Entities ANN_TRIMMED_CURVE beschrieben. **DXF:** Eine entsprechende Möglichkeit fehlt.	fehlt
DIMENSION _LINE	**STEP–2DBS:** Mit diesem Entity werden eine oder mehrere Maßlinien durch Referenzen auf Entities ANN_TRIMMED_CURVE beschrieben. **DXF:** Eine entsprechende Möglichkeit fehlt.	fehlt
INSTANCE_ TERMINATOR _SYMBOL	**STEP–2DBS:** Mit diesem Entity werden ein oder mehrere Maßbegrenzungssymbole plaziert. **DXF:** Eine entsprechende Möglichkeit fehlt.	fehlt

Bild A9 Bemaßungsentities bei STEP–2DBS und DXF, Ausgangslemente

Wegen dieser grundsätzlich unterschiedlichen Vorgehensweise bei der Darstellung von Maßbildern tauchen in dem in Bild A9 dargestellten Vergleich der Entities bei DXF auch keine entsprechenden Entities zu Maßlinie, Maßhilfslinie und Maßbegrenzung auf. Sie werden alle anhand der Definitionspunkte ermittelt.

Ein weiterer wesentlicher Unterschied betrifft die assoziative Bemaßung. Obwohl AutoCAD über eine assoziative Bemaßung verfügt, kann die Assoziation zwischen dem Maßbild und der Geometrie nicht übertragen werden. Es fehlt die Referenz auf die entsprechenden geometrischen Elemente, d. h. die bemaßten Punkte. Mit STEP–2DBS kann eine assoziative Bemaßung als assoziative Punkt– oder assoziative Schnittbemaßung übertragen werden.

STEP–2DBS Entity	Erläuterungen	DXF Entity
DIMENSION _BLOC	**STEP–2DBS:** Mit diesem Entity wird eine Gruppe von Maßangaben durch Referenzen auf die entsprechenden Bemaßungselemente definiert. Es ist auf die Übertragung von Kettenmaßen ausgelegt. Da keine Einschränkung hinsichtlich der Elemente der Maßbilder besteht, kann jegliche Art von Bemaßung dargestellt werden. **DXF:** Im DXF-Format ist das Entity DIMENSION für die Bemaßung definiert. Es zeigt auf einen speziellen Block (*D), in dem die Maßelemente enthalten sind. Eine Unterscheidung zwischen Maßlinie und Maßhilfslinie ist im *D–Block nicht möglich, da die entsprechenden Informationen nicht veröffentlicht sind (s. EED–Block).	DIMENSION

Bild A10   Bemaßungsentities bei STEP–2DBS und DXF, Maßbild

STEP–2DBS Entity	Erläuterungen	DXF Entity
ASSOC _DIMENSION _LINE	**STEP–2DBS:** Mit diesem Entity wird eine Assoziation zwischen einer Maßkette und einer Schnittlinie beschrieben. Die Assoziation ist indirekt. Die Schnittlinie schneidet die Geometrie und erzeugt so die Schnittpunkte. Diese Schnittpunkte sind mit der Maßkette assoziiert. Zusätzlich wird immer auf einen DIMENSION_BLOC verwiesen, in dem die errechnete Bemaßung enthalten ist. **DXF:** Eine entsprechende Möglichkeit fehlt.	fehlt
ASSOC _DIMENSION _POINT	**STEP–2DBS:** Mit diesem Entity wird eine Assoziation zwischen einem Längenmaß als Einzelmaß und zwei Punkten der Geometrie beschrieben. Zusätzlich wird immer auf einen DIMENSION_BLOC verwiesen, in dem die errechnete Bemaßung enthalten ist. **DXF:** Eine entsprechende Möglichkeit fehlt.	fehlt

Bild A11 Bemaßungsentities bei STEP–2DBS und DXF, assoziative Bemaßung

A.3.3. Beschriftung und Schraffur

Bei der Übertragung von Text sind die Unterschiede zwischen beiden Formaten nicht sonderlich groß. Bei STEP–2DBS werden die Textattribute als eigenständige Einheit zusammengefasst und können 'en bloc' einem Text zugewiesen werden. Bei DXF werden jeweils die Textattribute einzeln dem Text zugewiesen.

Etwas wichtiger ist, daß bei STEP–2DBS mehrzeilige Textblöcke gebildet werden können, mit oder ohne Rahmen, der an mehreren Stellen im Plan mit dem INSTANCE_TEXT–Entity plaziert werden kann. Hier bietet STEP–2DBS mehr als DXF.

STEP–2DBS Entity	Erläuterungen	DXF Entity
TEXT	**STEP_2DBS:** Mit diesem Entity wird eine Textzeile als Textstring beschrieben. **DXF:** Im entsprechenden Entity TEXT sind zusätzlich zum Text die Informationen Einfügepunkt, Texthöhe, Rotationswinkel, Textfont usw. angegeben. Im HEADER Bereich gibt es die Text–Style–Tabelle.	TEXT
TEXT_BLOC	**STEP_2DBS:** Mit diesem Entity wird ein mehrzeiliger Textblock aus mehreren Textzeilen, d. h. Referenzen auf TEXT–Entities, zusammengesetzt. Der Textblock kann einen Rahmen haben. **DXF:** Eine entsprechende Möglichkeit fehlt.	fehlt
TEXT _ATTRIBUTES	**STEP_2DBS:** Mit diesem Entity werden Textattribute wie Textfont, Buchstabenhöhe, Buchstabenbreite, Buchstabenstand, Buchstabenneigung etc. beschrieben. **DXF:** Diese Angaben sind schon im TEXT–Entity enthalten.	TEXT
INSTANCE _TEXT	**STEP_2DBS:** Mit diesem Entity wird ein Text oder Textblock lokalisiert. **DXF:** Diese Angaben sind schon im TEXT–Entity enthalten.	TEXT

Bild A12 Entities zur Darstellung von Text bei STEP–2DBS und DXF

Entscheidend ist jedoch, daß Schraffuren mit DXF in einzelne Linien aufgelöst werden müssen und nicht als Flächenattribut übertragen werden können. Auf diesen Aspekt wurde bereits in den Abschnitten 3.2.5 und 3.3.2 eingegangen. Die Auswirkungen dieser Unterschiede sind in Abschnitt 3.3.3 beschrieben.

STEP–2DBS Entity	Erläuterungen	DXF Entity
FILL_AREA	**STEP_2DBS:** Mit diesem Entity werden mehrere Flächen mit derselben Schraffur gefüllt. Dabei wird eine Liste von Entities AREA_2D einem Schraffurtyp (Entity HATCH) zugeordnet. **DXF:** Im DXF Format sind Schraffuren in Linien aufgelöst.	fehlt

Bild A13 Schraffurentity bei STEP–2DBS und DXF

A.4. Strukturierung der CAD–Daten

STEP–2DBS Entity	Erläuterungen	DXF Entity
OPEN_LAYER CLOSE _LAYER	**STEP–2DBS:** Mit diesen beiden Entities wird ein Layer geöffnet und geschlossen. Die zwischen OPEN _LAYER und CLOSE_LAYER befindlichen Entities gehören zu ihm. Der Layer hat einen Namen und kann mehrfach geöffnet und geschlossen werden. Allen Elementen eines Layers können die Attribute COLOR, LINE_WIDTH, LINE_STYLE und TEXT_ATTRIBUTE zugeordnet werden. Ein Entity kann nur zu einem Layer gehören. **DXF:** Auch im DXF Format gibt es Layer, wobei auch hier ein Entity nur zu einem Layer gehören kann. Mittels des Layers können den Elemente die Attribute Farbe, Linientyp und "Gefroren" zugeordnet werden.	LAYER
GROUP_2D	**STEP–2DBS:** Mit diesem Entity wird eine Gruppe als Liste von Referenzen auf Entities beschrieben. Eine Gruppe kann aus Geometrie und zeichnungstechnischen Elementen bestehen. Gruppen können verschachtelt sein. **DXF:** Entsprechende Möglichkeiten bietet das Entity BLOCK. Blöcke können verschachtelt sein.	BLOCK

Bild A14 Strukturbildende Entities bei STEP–2DBS und DXF

Wie bereits in Abschnitt 3.3.2 beschrieben, bietet DXF deutlich weniger Möglichkeiten zur Strukturierung von CAD–Daten als STEP–2DBS. Die Möglichkeit der Layerbildung ist bei beiden Austauschformaten vergleichbar.

STEP–2DBS Entity	Erläuterungen	DXF Entity
INSTANCE _SYMBOL	**STEP–2DBS:** Mit diesem Entity wird ein Symbol der Symbolbibliothek im Plan lokalisiert. **DXF:** In DXF werden Symbole wie Blöcke behandelt. Die Blöcke,die Symbole enthalten, werden mit INSERT plaziert.	INSERT
INSTANCE_2D	**STEP–2DBS:** Mit diesem Entity wird ein Entity GROUP_2D oder ein Entity COMPOSITE_CURVE_2D im Plan lo-kalisiert. **DXF:** Mit dem INSERT-Entity werden Blöcke plaziert.	INSERT
INSTANCE _TEXT	**STEP–2DBS:** Mit diesem Enitiy wird ein Text oder ein Textblock lokalisiert. **DXF:** Die Plazierungskoordinaten sind hier im TEXT–Entity direkt ange-geben.	TEXT

Bild A15 Strukturbildende Entities bei STEP–2DBS und DXF, Fortsetzung

Die bei DXF vorhandene Möglichkeit, Blöcke zu übertragen, kann durchaus mit der bei STEP–2DBS vorhandenen Möglichkeit der Gruppenbildung verglichen werden.

Text kann mit DXF nicht einmal erzeugt und mehrfach plaziert werden. Der entsprechende Instance–Mechanismus fehlt.

A.5. Zuordnung grafischer Attribute und Planmontage

A.5.1. Zuordnung grafischer Attribute

STEP–2DBS Entity	Erläuterungen	DXF Entity
PRESENT _LAYER	**STEP–2DBS:** Mit diesem Entity werden einem Layer pauschal Linien- und Textattribute zugewiesen. Diese Attribute werden an alle Elemente des Layers "vererbt", können jedoch mit den Entities PRESENT_LINES oder PRESENT_TEXT überladen werden. **DXF:** Entsprechende Funktionalität wird mit einem Eintrag in die Layer Tabelle realisiert.	LAYER
PRESENT _LINES	**STEP–2DBS:** Mit diesem Entities werden Linienattribute einer Liste von Entities zugeordnet. Diese Linienattribute haben Vorrang gegenüber den dem Layer zugeordneten Linienattributen. **DXF:** Das Linienattribut wird direkt beim Element angegeben.	LINE, CIRCLE, ARC, POLYLINE
PRESENT _TEXT	**STEP–2DBS:** Mit diesem Entity werden Textattribute einer Liste von Entities INSTANCE_TEXT zugeordnet. Diese Textattribute haben Vorrang gegenüber den dem Layer zugeordneten Textattributen. **DXF:** Hier werden die Textattribute direkt mit dem TEXT–Entity angegeben.	TEXT

Bild A16 Entities zur Zuordnung graf. Attribute bei STEP–2DBS und DXF

Bei beiden Formaten können die grafischen Attribute pauschal den Layern und individuell einzelnen Elementen zugeordnet werden. Wenn auch die Art und Weise der Zuordnung unterschiedlich ist, so ist das Ergebnis doch dasselbe.

A.5.2. Planmontage

STEP–2DBS Entity	Erläuterungen	DXF Entity
COMPOSE _PLAN	**STEP–2DBS:** Mit diesem Entity werden Layer maßstäblich verkleinert, überlagert und innerhalb des Blattrandes plaziert. So entsteht der endgültige maßstäbliche Plan. **DXF:** Eine entsprechende Funktionalität bietet das VPORT–Entity.	VPORT

Bild A17 Entities zur Planmontage bei STEP–2DBS und DXF

Anhang B
Überblick über STEP–2DBS–Prozessoren

Bild B1 gibt einen Überblick über die derzeit bekannten STEP–2DBS–Prozessoren. Neben dem Namen des CAD–Systems und dem Hersteller enthält es zusätzliche nützliche Angaben.

CAD–System	Hersteller	Angaben zur Entwicklung bzw. Quelle der Information	ISYBAU Piloterpr.
ALLPLAN /ALLPLOT	Nemetschek	CONCAD	Ja
Bitmap	acadGraph	CONCAD	Ja
GDS	EDS	CONCAD	–
Microstation	Intergraph	CONCAD	–
RIBCON	RIB	CONCAD	Ja
UNICAD	Hochtief	CONCAD	–
Strakon	DICAD	CONCAD	–
Bauset	Bott	Bott mit Toolbox	–
Drawbase /Drawpack	Microway	Microway mit Toolbox	–
Jetcad	Mücke	Mücke mit Toolbox	–
Speedicon	IEZ	IEZ	Ja
Spirit	Soft–Tech	Soft–Tech	–
Dp draft	Data plan	Softw. Verz. Uni. Hannover 1992	–
Fa Me	Fa Me	Softw. Verz. Uni. Hannover 1992	–
ISICAD 5000	Isicad	Softw. Verz. Uni. Hannover 1992	–
CADVENCE	Isicad	Softw. Verz. Uni. Hannover 1992	–

Bild B1 Verfügbare STEP–2DBS–Prozessoren (Stand Juli 1992)

In der dritten Spalte ist angegeben, wer die Prozessoren hergestellt hat und ob gegebenenfalls eine Toolbox verwendet wurde. CONCAD ist dabei ein Softwarehaus, das sich auf die Entwicklung von STEP–2DBS–Prozessoren spezialisiert hat. Es arbeitet aktiv im DIN–NAM 96.4.3–Bau mit. Viele Systemanbieter haben deswegen ihre Prozessoren bei CONCAD entwickeln lassen. Dies schafft auch klare Zuständigkeiten im Fehlerfall.

Um die Entwicklung von Prozessoren zu erleichtern, wurde von CONCAD eine Toolbox entwickelt. Diese Toolbox ist ebenfalls ein Beitrag zur Reduzierung von Fehlerquellen beim Datenaustausch. In der dritten Spalte ist angegeben, ob diese Toolbox verwendet wurde.

Teilweise ist die Informationsquelle der Verfügbarkeit der Prozessoren ein jährlich von der der Universität Hannover erstelltes Softwareverzeichnis. Sofern dies der Fall ist, so ist dies in der dritten Spalte angegeben.

In Abschnitt 5.4.5 ist eine Piloterprobung des CAD–Datenaustausches mit STEP–2DBS im Rahmen von ISYBAU geschildert. Man wollte im Rahmen von ISYBAU einige Prozessoren gründlich testen, bevor man den CAD–Datenaustausch in größerem Umfang praktiziert. In der vierten Spalte sind die Systeme gekennzeichnet, die an diesem Pilotprojekt beteiligt waren.

Springer-Verlag und Umwelt

Als internationaler wissenschaftlicher Verlag sind wir uns unserer besonderen Verpflichtung der Umwelt gegenüber bewußt und beziehen umweltorientierte Grundsätze in Unternehmensentscheidungen mit ein.

Von unseren Geschäftspartnern (Druckereien, Papierfabriken, Verpackungsherstellern usw.) verlangen wir, daß sie sowohl beim Herstellungsprozeß selbst als auch beim Einsatz der zur Verwendung kommenden Materialien ökologische Gesichtspunkte berücksichtigen.

Das für dieses Buch verwendete Papier ist aus chlorfrei bzw. chlorarm hergestelltem Zellstoff gefertigt und im ph-Wert neutral.